国家重点研发计划项目“重点项目安全综合遥感监测关键技术及应用示范”（2023YFB3906100）
四川省重点研发项目“长江和黄河上游碳汇遥感监测关键技术研究和示范应用”（2023YFS0381）
四川省重点研发项目“基于天空地多源遥感大数据的耕地重金属污染监测和智能防控关键技术及应用”（2023YFN0022）资助

智慧地球

智能化服务技术

邵振峰　吴长枝　眭海刚　庄庆威　回丙伟　著

探讨**智慧地球**建设的战略需求、关键核心技术、应用案例线索，

研究**智慧地球**感知-认知-决策反馈-服务构建模式

WUHAN UNIVERSITY PRESS
武汉大学出版社

图书在版编目(CIP)数据

智慧地球智能化服务技术 / 邵振峰等著 . -- 武汉 ：武汉大学出版社，2025.1. -- ISBN 978-7-307-24810-6

Ⅰ. P237

中国国家版本馆 CIP 数据核字第 202478QC30 号

责任编辑:王　荣　　　责任校对:鄢春梅　　　版式设计:马　佳

出版发行:**武汉大学出版社**　(430072　武昌　珞珈山)

(电子邮箱:cbs22@ whu.edu.cn 网址:www.wdp.com.cn)

印刷:武汉中科兴业印务有限公司

开本:787×1092　1/16　印张:12　字数:218 千字　插页:2

版次:2025 年 1 月第 1 版　2025 年 1 月第 1 次印刷

ISBN 978-7-307-24810-6　定价:89. 00 元

前　　言

智慧地球是一种新型的应用技术与服务理论，它的设计初衷是对全球物理环境进行深入感知、智能认知和精细决策，并采用信息化手段提供更加高效、便捷的服务，以适应人类社会发展的需求与趋势。智慧地球技术在不断发展过程中，逐步融合了光谱技术、光电技术及人工智能技术，其在国防、民生、生态保护三大领域的应用已经成为各国应对多种巨大安全威胁、保护资源和生态环境的必备手段之一。智慧地球的无所不在、高度实时性、全空间覆盖及高密度、高精度等特点，可满足现今环境信息保障所提出的更高要求。

本书分 6 章，即智慧地球概述、复杂环境信息保障需求、智慧地球复杂环境保障内容、智慧地球复杂环境保障方案、智慧地球复杂环境应急保障和智慧地球感知-认知-决策反馈-服务构建模式共 6 个方面，全面、系统地讨论了智慧地球技术的内在属性和应用价值，探究了智慧地球技术在关键领域落地实践中所面临的问题和挑战。

我们可以发现智慧地球建设的核心问题既是关键技术研究，更是智能化服务的构建和推广，无论是从政策规划、技术标准、应用场景还是智能化服务需求的角度出发，都需要充分认识和把握智慧地球建设的科学性与实践性。本书旨在从智慧地球建设战略需求、关键技术、核心支撑技术、应用案例线索等出发，探讨智慧地球建设科学问题，对面向行业的典型应用服务模式进行研究，以此为基础，进一步深入探讨智慧地球感知-认知-决策反馈-服务构建模式，阐述其重要性及发展趋势。

在撰写本书的过程中，我们深刻认识到智慧地球建设与智能化服务构建的内在联系，这也是本书论述的重要观点。我们希望通过本书的研究成果，为智慧地球技术的进一步研究和应用提供一些思路和建议，促进智慧地球建设方向更加清晰、科学及有序，同时为智慧地球的建设、应用和推广作出贡献，让智慧地球建设真正成为人类社会发展进程的重要通道之一。

最后，对所有在智慧地球建设中作出贡献的相关领域专家和实践者表示衷心感谢。他们的不懈努力是智慧地球进程不断推进的重要动力，让我们共同期待，智慧地球技术在实践中不断创新！

作　者

2023 年 6 月

目录 CONTENTS

第 1 章 智慧地球概述

智慧地球是人类对地球认识的高级阶段，最早是由国际商业机器公司(International Business Machines Corporation，IBM)前首席执行官彭明盛在 2008 年提出。智慧地球具有互联互通、智能计算、无处不在等特征(李德仁等，2016)。智慧地球依赖的基础设施和先进科学技术有很多，传感器、物联网、云计算、时空信息大数据平台、人工智能等都是支撑智慧地球的重要技术。智慧地球可以视为生活在地球上的人们认识地球、征服自然的宏远愿景，需要数十年，甚至是上百年的科技进步才能逐步实现。

1.1 智慧地球概念

智慧地球是在数字地球的基础上，融合物联网、云计算、大数据和人工智能等新技术，构建更加智能和智慧的服务(李德仁等，2012)。

1.1.1 真实的地球

地球是太阳系中的一个行星。真实的地球是一个复杂而多样的星球(图 1-1)，拥有丰富的自然环境和生态系统。它是太阳系中唯一已知适合生命存在的行星，表面覆盖着约 71%的水域，主要是海洋，其余部分是陆地。地球的海洋深邃且广阔，蕴藏着丰富的生物多样性。海洋不仅是全球气候调节的重要因素，也是人类食物和资源的重要来源。陆地的地形多样，从高耸的山脉(如喜马拉雅山)、低矮的丘陵到广阔的平原(如亚马孙平原)，还有沙漠(如撒哈拉沙漠)和热带雨林等。每种地形上都有其独特的生态系统和生物群落。地球的气候变化多端，从寒冷的极地到温暖的热带地区，气候的多样性影响着生物的分布和人类的生活方式。气候变化、极端天气事件和季节性变化都是影响生态系统的重要因素。地球上生活着数百万种生物，从微小的细菌到巨大的蓝鲸，生物多样性丰富而复杂。生态系统之间相互依存，维持着地球的生态平衡。人类作为地球上的一种生物，已经深刻影响了环境。城市化建设、工业生产、农业生产及资源开采等都改变了自然环境，导致生物栖息地丧失和气候变化加剧。同时，全球化使得人类的活动对地球的影响变得更加广泛和复杂。

图 1-1　真实的地球

1.1.2　数字地球

1993 年 9 月，美国启动"信息高速公路"计划，即国家信息基础设施(National Information Infrastructure，NII)，引发了席卷全球的信息化革命。1994 年，美国启动了国家空间数据基础设施(National Spatial Data Infrastructure，NSDI)的建设，得到了包括我国在内的各国的积极响应。1995 年，中国启动了推动全国信息化的"八金"工程，标志着我国信息化建设开始起步。利用基于全球地心坐标系的卫星导航定位技术、卫星遥感技术、网络地理信息技术和计算机虚拟现实技术，表述地球自然形态和人类活动的几何与社会属性数据和信息被输入电脑，并在互联网上流通，形成虚拟的网络空间(cyber space)(李德仁等，2010)。

1998 年，美国副总统戈尔提出“数字地球”概念，标志着全球开始步入数字地球和数字城市建设新阶段。目前，我国已建成数字中国基础框架，已有 600 多个城市初步建成数字城市基础框架，国家测绘地理信息局发布在互联网上的“天地图”成了数字中国和数字城市的载体，已有数亿网民使用。数字地球多尺度表达模型见图 1-2。

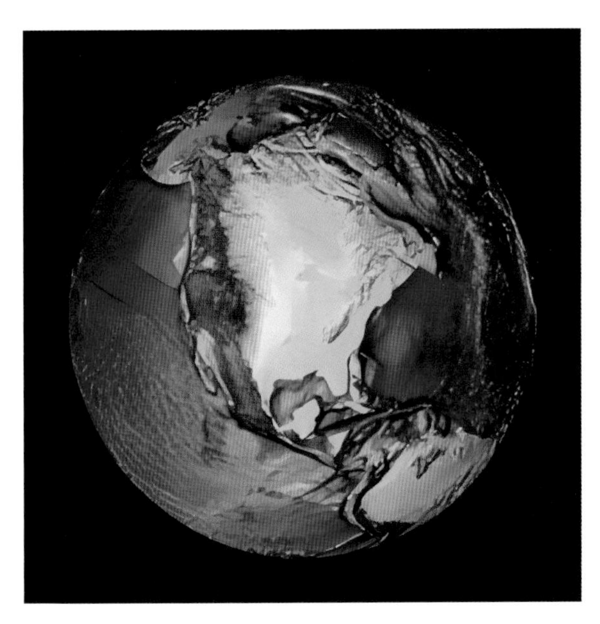

图 1-2　数字地球多尺度表达模型

当前，美国谷歌地球引擎(Google Earth Engine，GEE)通过提供可伸缩算力、开放多种方法、共享多源海量数据，吸引全世界地球与空间相关科学家与工程师参与其中，已经发展成为相关工作者深度依赖的时空基础设施。在该领域内，GEE 具有垄断性。

在数字地球技术支持下，各个国家开始推动数字城市、数字国防建设等服务。例如，数字化战场是美军在 20 世纪末提出的新构想(李德仁等，2018)。美军定义的“数字化战场”，是指以信息技术为基础，以信息环境为依托，用数字化设备将指挥、控制、通信、计算机、情报、电子对抗等网络系统联为一体，能实现各类信息资源的共享、作战信息实时地交换，以支持战斗员和保障人员信息活动的整个作战多维信息空间(Goodchild, 1997)。提出这一构想后,基于"网络中心战"理论,美国先后进行了相关的基础设施建设。如今,美军的联合作战系统已实现"观察—判断—决策—行动"周期快速循环、作战体系高效运转的一体化和网络化,并计划于2030年全面实现陆战场数字化,2050年建成陆-海-空-天一体化数字化战场。

1.1.3 从数字地球到智慧地球

2006年,物联网、云计算等新一代信息技术正式推出,实现了工业化与信息化的综合集成。通过无所不在的传感网将网络世界与现实世界关联起来,形成虚实一体化的空间(cyber physical pace)。在这个空间内,将自动和实时地感知现实世界中人和物的各种状态和变化,由云计算中心处理其中海量和复杂的计算、控制并产生智能反馈,为人类生存繁衍、经济发展、社会交往和文化享受等诸多方面提供各种智能化的服务(Gruen et al., 1998)。

2008年11月初,在纽约召开的外国关系理事会上,IBM进行以《智慧地球:下一代领导人议程》为题的演讲报告,正式提出"智慧地球"的概念。2009年1月,美国总统奥巴马公开肯定了IBM"智慧地球"思路。2009年2月在北京召开的"IBM论坛2009"上,IBM更以"点亮智慧的地球,建设智慧的中国"为主题,宣传这一创新理念,引起了社会各方的广泛关注。

2009年8月,IBM又发布了《智慧地球赢在中国》计划书,正式揭开IBM"智慧地球"中国战略的序幕。在该计划书中,"智慧地球"被定义为:"IBM对于如何运用先进的信息技术构建这个新的世界运行模型的一个愿景",即"使用先进信息技术改善商业运作和公共服务"。到2009年,全世界大多数国家正式提出建设智慧地球和智慧城市。

数字地球——空-天-地海量信息获取、调度、可视化、分析挖掘与服务。数字地球从数字化、数据建模、系统仿真、决策支持一直到虚拟现实,是一个全球综合信息的数据系统工程(孙小礼等, 2000)。数字地球的特点是空间性、数字性和整体性,它有自己的理论体系、技术体系、应用体系、工程体系,在这样的数字地球上,世界各国共同建立了GEOSS(Globe Earth Observation System of Systems)系统,提出了10年行动计划,旨在从9个方面支持社会可持续发展:①减少自然或人为灾害所造成的生命财产损失;②了解环境因素对人类健康和生命的影响;③改善对能源资源的管理；④了解、评价、预测及适应气候变异与变化；⑤了解水循环、改善水资源的管理；⑥改善气象信息，天气预报与预警；⑦提高对陆地、海岸、海洋生态系统的保护与管理；⑧支持可持续农业，减少全球荒漠化；⑨了解、监测和保护生物多样性（Batty，2011）。

数字地球取得的主要成就包括：①数字地球实现了从二维到三维的跨越；②数字地球实现了对地球多分辨率和多时态的观测与分析；③数字地球实现了基于图形和基于空-天-地一体化实景影像的可视化和可量测；④数字地球实现了基于 Web Service 的空间信息共享与智能服务；⑤数字地球通过兴趣点实现了非空间信息到空间信息的关联，以服务全民。

2021 年欧盟启动了终极地球计划（Destination Earth），得到欧洲绿色交易 2019、数字欧洲计划 2020 和塑造欧洲数字未来 2020 等计划的支持，是欧洲双碳和数字挑战的核心倡议。该计划旨在开发一个高精度的数字孪生地球系统，用于监测自然和人类活动对地球的影响，预测极端事件，并调整政策以应对与气候变化相关的挑战。

1.1.4　智慧地球的作用和前景

党的十八大以来，党中央高度重视发展数字经济，将其上升为国家战略。党的十八届五中全会提出，实施网络强国战略和国家大数据战略，拓展网络经济空间，促进互联网和经济社会融合发展，支持基于互联网的各类创新。

党的十九大提出，推动互联网、大数据、人工智能和实体经济深度融合，建设数字中国、智慧社会。有关部门先后出台了《网络强国战略实施纲要》《数字经济发展战略纲要》，从国家层面部署推动数字经济发展。

2022 年 1 月 12 日，国务院发布《“十四五”数字经济发展规划》指出：当前新一轮科技革命和产业变革深入发展，数字化转型已经成为大势所趋，受国内外多重因素影响，我国数字经济发展面临的形势正在发生深刻变化。

发展数字经济是把握新一轮科技革命和产业变革新机遇的战略选择。数据要素是数字经济深化发展的核心引擎。数字化服务是满足人民美好生活需要的重要途径。对于自然资源、水利等相对传统的领域，从二维走向三维，从立体走向沉浸式体验，是实现智能化的重要设施和基础能力，能够满足“数字中国”“智慧城市”对空间信息技术的重要需求，是对国家数字经济发展重大战略的积极响应。

1.2 智慧地球的内涵

地球系统是一个复杂的巨系统，智慧地球的建设是一个复杂的系统工程，面临一系列的重大技术挑战，智慧地球是数字地球与物联网、云计算、大数据和人工智能等高新技术有机融合的产物。智慧地球是在数字地球已经建立起来的数字框架上，通过物联网将现实世界与数字世界进行有效融合，感知现实世界中人和物的各种状态和变化，由云计算中心进行海量数据的计算与控制，为社会发展和大众生活提供各种智能化的服务。智慧地球在数字地球实现的空-天-地一体化海量信息获取、调度、可视化、分析挖掘与服务的基础上，以全球互联和透彻感知的物联网为支撑，获取智慧地球大数据信息；并在云计算环境中，以面向服务的计算方式，完成地球信息控制决策的智慧处理分析、决策和智能控制。

1. 物联网——天-空-地一体化的多尺度信息采集智能传感器网络

具有从不同尺度采集数据并进行通信传输的能力，未来智能传感器网络具有一定的在线处理功能，并将融入全球计算机信息网格，支撑智慧地球按需调配传感网络资源，开展信息采集、传输的智能、灵性服务。

2. 云计算——支撑智能地球的重要信息支撑

支撑建立全互联网协议（Internet Protocol，IP）网络架构的物联网，实现集智能传感网、智能控制网、智能安全网于一体，真正做到将识别、定位、跟踪、监控、管理等智能化，支撑按需实现远程互操作的人和物互联，建立起智能、安全的云计算环境。

1.3 智慧地球的建设现状

IBM 作为全球著名的信息技术（Information Technology，IT）服务提供商，他们提出的“智慧地球”理念从一定层面来说是属于商业范畴，希望“智慧地球”能够与我国的基础设施建设相结合，能够在短期内刺激我国经济和促进就业，为我国打造一个成熟的智慧基础设施平台。

智慧地球是基于信息技术、互联网和大数据构建的一个新型生态系统，强调通过智能化手段优化资源配置，提高生产效率。当前，随着云计算、物联网、人工智能等技术的快速发展，智慧地球逐渐成形。这些技术的融合应用使得城市、交通、能源和制造业等各个领域都在向智能化、数字化转型，形成了一个互联互通的智能网络。智慧地球的建设将为我国信息技术和制造业的发展提供新的动能。通过智能化转型，不仅能提高生产效率，还能实现资源的优化配置，推动可持续发展。为此，我国需要在技术研发、市场应用和国际合作等方面不断努力，确保在全球竞争中占据有利位置。因此，实现信息技术和先进制造业的跨越式发展，将有助于推动智慧地球建设，进而提升国家的综合竞争力和可持续发展能力。

智慧地球是人类征服自然、控制环境的美好愿望。智慧地球之智慧是一个人类“赋智”的过程，该理念由提出至今，发展过程较缓慢。一方面，由于“智慧地球”理念过于宏大，较难发力。智慧地球涉及地理物理特征、化学特征、生物特征及人类社会经济活动等方方面面。另一方面，智慧地球将是一个长期而久远的发展过程，不仅依赖科学技术的发展，更依赖人们对地球本身更客观、全面、系统的认识。人类本身对于地球的认识尚不完整。比如，生物圈、水圈、大气圈的运动规律极其复杂。但是，从物质循环和能量平衡的角度来讲，人类可以通过数值模拟、系统动力学等理论，在一定条件下认识地球物质循环及能量流动的特征。人类认识地球科学以及地球理论尚在持续迭代、更新发展过程中，智慧地球的“智力”水平还具有一定的限制。

虽然以地球为主体的“智慧地球”发展较慢，但是面向行业领域的“智慧”理念处于蓬勃发展之势。在我国发展中，面向行业领域的，有智慧能源、智慧交通、智慧医疗、智慧农业、智慧物流等快速发展理念。以当前“双碳”理念为例，合理统计碳排放，在“测、算、评、治”环节中注入智慧动能。然而，更小的地理空间主体，特定场景的“智慧”应用场景，仍然处在持续发力状态。比如，从空间治理层面来看，有智慧城市、智慧社区、智慧园区、智慧海洋等理念。

当前，地球泛在感知还没达到数字孪生实时动态的精细程度。二维的数字地球只是一个投影，实景三维的地球建设是地球物理静态空间的孪生，只是智慧地球的底座。以智慧城市为例，在城市三维化的过程中还需要与建筑信息模型（Building Information Modeling，BIM）进行集成，才能实现从室外到室内、从地上到地下城市空间，目前仍处于实验摸索阶段，未能实现智能化、快速化。作为城市信息模型（City Information Model，CIM），还需要通过物联网技术，利用无所不至的传感网络将在城市里活动的人、车、物和水、电、汽等百分之百地映射到网络空间去。

“泛在”最早就是用于形容网络的无所不在，而泛在感知就是信息感知、获取的手段无所不在，无处不在。从天上的高中低轨各型卫星，到近空无人机等飞行器平台，再到地面第五代移动通信技术(5th Generation Mobile Communication Technology，5G)基站、各种监控摄像头，甚至能拍照的个人手机，都是可用的感知手段。

杨元喜院士(2022)把感知手段分为外在感知和贴身感知两类。对个体而言，外在感知是被动的，不受个体控制的，如卫星、无人机、监控摄像头等；贴身感知是主动的，比如车联网的车载终端，智能手机，智能手表及微型化的穿戴式感知手段。

“泛在感知”实际上应该分为几个层次，“泛在”“感知”“识别”，最后是“互联”。“泛在”是信息的范围，“感知”是信息的获取，“识别”是信息的甄别，“互联”是信息的互通。如果这些基础都完成了，才有可能实现智能社会。

我们的地球有山、水、海洋、陆地、沙漠、高原等，是实实在在的。但是如果让我们用泛在感知的手段，把实实在在的物理地球数字化，展现在每个人的手机上，展现在管理者的电脑上，让它变成一个孪生的、与实际地球完全一致的，而且和实际地球同样在变化的球，这个就叫智慧地球。从这个意义上说，智慧地球是泛在感知的一种载体，是感知信息的表现形式。听起来像科幻故事，但实际上已经出现在我们的生活中。

杨元喜院士(2022)指出：“现在国内已经有好几个数字地球雏形了，正在争取往智能化地球方面发展。在数字化建设方面，我们并不明显落后，与西方的差距不是十分显著，这一次的疫情中，中国在数据挖掘方面，在疫情溯源、疫情管控等方面比西方要强很多。”杨元喜院士(2022)认为，智慧地球的一个基本要求是，所有的泛在感知，都是基于统一的时间基准，统一的空间基准。这样，在不同的地点，不同时间段，利用不同手段感知到的信息，才能进行时间序列的展示，才能进行空间位置的标识，才能进行精准的大数据挖掘和分析，才能精确描述我们实实在在生活的地球。杨元喜院士(2022)指出：“如果有了这种支撑，对我们地球上各种可能发生灾害的监测、预警、气象的预报，以及抢险救灾就会带来极大的方便。比如，可以利用全球定位导航系统和干涉合成孔径雷达等技术进行长期、连续的地表形变监测，并且把这些变化动态展示在一个孪生的地球上，专业人员可以根据地表变化情况进一步预测地震、滑坡等的发生，并发出预警。当然，如果未来人工智能技术足够成熟，由人进行的数据分析和决策制定也可以由‘智慧地球’代劳。”

智慧中国是智慧地球的一部分，智慧中国与人民生活的智能化水平密切关联。智慧中国建设首先应当完善国家信息基础设施体系建设，包括时空服务基础设施体系，感知基础设施体系(包括卫星、无人机、监控设备等)，解决数据和信息的获取问题。获取了大量的数据，当然相应地要提高数据处理能力和效率，尤其是智能化处理水平。如此，才有可能实现智慧中国。目前，北斗、天绘、高分、资源等卫星都在为智慧地球提供空间和时间等方面的信息。杨元喜院士(2022)指出："因为北斗卫星导航系统全球部署，可以在纳秒量级上实现不同载体的时间同步，北斗的高精度定位，可以在厘米量级上做到空间基准统一，所以说北斗卫星导航系统为我们数字地球建立提供了空间基准、时间基准，甚至动态的变化、动态的时间尺度。"

但是，大数据的积累同样也是双刃剑，尤其是感知得到的个人信息，如何处理？如何避免信息泄露？杨元喜院士(2022)的回答是，建议立法，"在我们的技术水平越来越高的时候，记录数据比保护数据要容易得多。要想把数据安全地保护起来非常困难，因为我们每天都暴露在各种数字监控之中。我们如何保护隐私？这只能靠法律，该知道的人可以知道，不该知道的人不应该知道，这才是核心。"

1.3.1　智慧地球信息大数据的挑战

21世纪以来，随着全球信息化与工业化的高度集成发展，出现了物联网和云计算，人类进入了大数据时代。本小节论述大数据时代地球空间信息学的特点(无所不在、多维动态、互联网+网络化、全自动与实时化、从感知到认知、众包与自发地理信息、面向服务)。在建设智慧地球和智慧城市的大数据时代，这将对地球空间信息学提出新的要求，使之具有新的时代特点。

1. 无所不在(ubiquitous)

在大数据时代，地球空间信息学的数据获取将从空-天-地专用传感器扩展到物联网中上亿个无所不在的非专用传感器。例如智能手机，它就是一个具有通信、导航、定位、摄影、摄像和传输功能的时空数据传感器；又如城市中具有空间位置的上千万个视频传感器，它能提供PB和EB级连续图像。这些传感器将显著提高地球空间信息的数据获取能力。另外，在大数据时代，地球空间信息学的应用也是无所不在的，它已从专业用户扩大到全球大众用户。

2. 多维动态(multi-dimension and dynamics)

大数据时代无所不在的传感器网以日、时、分、秒甚至毫秒计产生时空数据，使得人们能以前所未有的速度获得多维动态数据来描述和研究地球上的各种实体和人类活动。智慧城市需要从室外到室内、从地上到地下的真三维高精度建模，基于时空动态数据的感知、分析、认知和变化检测在人类社会可持续发展中将发挥越来越大的作用。通过这些研究，地球空间信息学将对模式识别和人工智能作出更大的贡献。

3. 互联网+网络化(internet + networking)

在越来越强大的天-地一体化网络通信技术和云计算技术支持下，地球空间信息学的空-天-地专用传感器将完全融入智慧地球的物联网中，形成互联网+空间信息系统，将地球空间信息学从专业应用向大众化应用扩展。原先分散的、各自独立进行的数据处理、信息提取和知识发现等将在网络上由云计算来完成。目前正在研究中的遥感云和室内外一体化高精度导航定位云就是其中的例子。

4. 全自动与实时化(full automation and real time)

在网络化、大数据和云计算的支持下，地球空间信息学有可能利用模式识别和人工智能的新成果来全自动和实时地满足军民应急响应和诸如飞机与汽车自动驾驶等实时用户的要求。目前正在进行中的“空间信息网络”国家自然科学基金重大专项，就是要研究面向应急任务的空天信息资源自动组网、通信传输、在轨处理和实时服务的理论和关键技术。遵照“一星多用、多星组网、多网融合”的原则，可由若干颗(60~80颗)同时具有遥感、导航与通信功能的低轨卫星组成的天基网与现有地面互联网、移动网整体集成，与北斗卫星导航系统密切协同，实现对全球表面分米级空间分辨率、小时级时间分辨率的影像与视频数据采集和优于米级精度的实时导航定位服务，在时空大数据、云计算和天基信息服务智能终端支持下，通过天地通信网络全球无缝的互联互通，实时地为国民经济各部门、各行业和广大手机用户提供快速、精确、智能化的定位、导航、授时、遥感、通信(Positioning，Navigation，Timing，Remote Sensing，Communication，PNTRC)服务，构建产业化运营的、军民深度融合的天基信息实时服务系统。

目前，国内的数据分析还没达到数字孪生的自动化和智能化水平。实景三维模型表达的是地球静态的底座，物联网采集的是地球动态的数据，仍然缺乏分析和计算功能。如一个城市50万~60万个摄像头的监控数据，可达到上千个千兆字节(PB)，但没有视频数据挖掘和多元大数据关联智能分析技术，也不能确保城市的平安和智慧安防，只有不断发展数据分析理论和模型，才能建成我们期待的智慧城市大脑。当前的数据共享程度还不够，地球结构复杂，数据共享的问题，需要制定相应数据共享原则。

5. 从感知到认知(from sensing to recognizing)

长期以来，地球空间信息学具有较强的测量、定位、目标感知能力，而往往缺乏认知能力。在大数据时代，通过对时空大数据的数据处理、分析、融合和挖掘，可以大大地提高空间认知能力。例如，利用多时相夜光遥感卫星数据可以对人类社会活动如城镇化、经济发展、战争与和平的规律进行空间认知。又如，利用智能手机中连续记录的位置数据、多媒体数据和电子地图数据，可以研究手机持有人的行为学和心理学。笔者相信，地球空间信息学的空间认知将对脑认知和人工智能科学作出应有贡献。

6. 众包与自发地理信息(crowd sourcing and Volunteered Geographic Information(VGI))

在大数据时代，基于无所不在的非专用时空数据传感器(如智能手机)和互联网云计算技术，通过网上众包方式，将会产生大量的自发地理信息(VGI)来丰富时空信息资源，形成人人都是地球空间信息员的新局面。但由于人员的非专业特点，使得所提供的数据具有较大的噪声、缺失、不一致性、歧义等问题，需要自动进行数据清理、归化、融合与挖掘。当然，如能在网上提供更多的智能软件和开发工具，将会产生好的效果。

7. 面向服务(service oriented)

地球空间信息学是一门面向经济建设、国防建设和大众民生应用需求的服务科学。它需要从理解用户的自然语言入手，搜索可用来回答用户需求的数据，优选提取信息和知识的工具，形成合理的数据流与服务链，通过网络通信的聚焦服务方式，将有用的信息和知识及时送达给用户。从这个意义上看，地球空间信息服务的最高标准是在规定的时间(right time)将所需位置(right place)上的正确数据/信息/知识(right data/information/knowledge)送到需要的人手上(right person)。面向任务的地球空间信息聚焦服务，将长期以来数据导引的产品制作和分发模式转变成需求导引的聚焦服务模式，从而解决目前对地观测数据又多、又少的矛盾，实现服务代替产品，以适应大数据时代的需求。

1.3.2 智慧地球建设需要地球科学的技术支撑

地球科学是支撑智慧地球建设的一级学科，以测绘科学与技术、地理信息技术、遥感技术等为核心的地球空间信息学。智慧地球首先是给地球装上传感器，不仅将地球上的物相连接，同时也把地球上的“人”联结在一起，即实现万物互联。无处不在的传感器，互联互通地泛在连接在物联网络上，是实现智能感知的硬件保障和网络保障。

云计算环境是支撑智慧地球感知获取信息的算力环境；大数据平台，尤其是时空信息大数据平台，是存储智慧通信环境。地球科学信息学视角的智慧地球建设的关键技术包括以下 7 种。

(1)位置云：现在用户将卫星定位信息传送到位置云服务中心，位置云服务在 1 秒内即可将定位精度解算到亚米级并反馈。星基导航增强技术：利用低轨卫星上搭载星载全球导航卫星系统(Global Navigation Satellite System，GNSS)接收机连续观测记录，结合激光测距等手段和现有地基增强系统，提高北斗卫星导航系统(以下简称“北斗系统”)的实时定位精度。

(2)遥感云：遥感解译方法在云计算平台的支撑下，将极大地释放计算资源的潜力。遥感数据云服务平台建立和运营，将遥感数据、信息产品、应用软件与计算机设备作为遥感公共服务设施(类似自来水、煤气、电力等)，通过网络或连接终端提供用户按需使用，如有自然资源卫星遥感云服务平台、地理空间数据云、遥感云平台，以及遥感影像处理引擎集科学分析和地理信息数据可视化的综合性平台。

以 GEE 为例，GEE 面向遥感影像分类、预处理和地理分析计算提供超过 800 个计算函数库，并且在持续完善的过程。遥感专用机器学习框架 LuoJiaNET，由武汉大学 LuoJiaNET 框架团队与华为 MindSpore 框架研究小组联合打造而成，是遥感领域首个国产化自主可控的遥感专用机器学习框架。

LuoJiaNET 同时与国产人工智能硬件神经网络处理装置(Neural-Network Processing Unit，NPU)深度融合，使智能计算软硬件充分协同，形成融合探测机理与地学知识的统一计算图表达、编译优化、图算融合、自动混合并行的新一代遥感智能解译框架，可进行遥感样本自动提纯与增广，充分融合探测机理与地学知识。

(3)空-天-地一体化的传感网与实时地理信息系统(Geographic Information System，GIS)：以用户为中心，采集用户需求、分析数据所需观测平台及参数、主动观测获取数据。面对大量实时观测的数据，不可能简单地通过批量导入的方法接入实时数据，数据的管理是动态的，系统需要提供实时分析功能，向用户输出动态变化的结果。全球统一时空基准框架，搜索用户需求数据，优选提取信息和知识的工具，形成合理的数据流与服务链，通过聚焦服务方式，将信息和知识及时送达用户——在规定的时间将所需位置上正确数据/信息/知识送到需要的人手上。

(4)视频与GIS的融合：视频传感器实时影像采集与GIS数据管理。自然图像、高分影像、无人机影像等视频数据本身可以用来检测目标。但视频与GIS融合，可以实现基于地理空间的视频感知信息的空间化利用，建立起基于地理空间的真实世界有限感知范围的实时影像，便于城市管理、大型活动安保、应急决策及军事行动全局态势感知等活动。尤其是视频三维融合技术，该概念最早发源于视频地理信息系统研究，从提出至今已经有十余年时间。回过头来看，针对视频地理信息系统，当初提出了很多新颖的概念，然而真正得到大面积应用的，似乎唯有视频三维融合这一点。时至今日，大量GIS厂商已经推出视频三维融合的相关产品，不断拓展视频三维融合的应用范围。传统的监控设备生产厂商也在逐步跟进，试图摆脱对GIS厂商的依赖，形成独立的产品线。

(5)智能手机：智能手机作为实时传感器，可获得用户分享的位置、影像、声音、视频、移动方向及速度、重力加速度等数据。智能手机作为广泛接入的传感器，人们可以随时随地多方位地移动，手机同时也是终端，以在Android 2.3 gingerbread系统中为例，Google提供了11种传感器(加速度、磁力、方向、陀螺仪、光线感应、压力、温度、接近、重力、线性加速度、旋转矢量)供应用层使用。

(6)室内与地下空间定位及导航：基于卫星信号、传感器、地面无线信号及混合定位导航。在地下空间(如停车场、地下公共空间、地下采矿(煤矿)井巷)和室内空间(如建筑物内、室内区域)，主要采用基于设备和基于计算机视觉的方式进行空间定位及导航。武汉大学测绘遥感信息工程国家重点实验室陈锐志教授团队研制的全球首款高精度音频定位芯片，解决室外卫星信号对于室内空间不可用不可达、室内定位精度低的技术难题，首次突破了精准测距、窄频带漫游和多源融合定位三大核心技术，赋能全球首款高精度音频定位芯片Kelper A100。

(7)空间数据挖掘：海量的、各种类型的静态和动态数据，进行时间智能计算与挖掘。数据挖掘，是从大量的数据中挖掘有趣的、有用的、隐含的、先前未知的和可能有用的模式或知识。空间信息数据挖掘的不仅仅是数据，同类名词还有数据库中的知识挖掘、知识发现、数据/模式分析等。

1.3.3 智慧地球构建需要泛在先进的信息基础设施体系

1. 高速宽带网络建设

加快光纤到户网络改造和骨干网优化升级，扩大4G网络覆盖，开展5G研发试验和商用，主导形成5G全球统一标准。推进下一代互联网演进升级，加快实施下一代互联网商用部署。全面推进三网融合，基本建成技术先进、高速畅通、安全可靠、覆盖城乡、服务便捷的宽带网络基础设施体系，消除宽带网络接入“最后一公里”瓶颈，进一步推进网络提速降费。推进下一代广播电视网建设和有线无线卫星融合一体化建设，推进广播电视融合媒体制播云、服务云建设，构建互联互通的广播电视融合媒体云。

2. 陆-海-空-天一体化信息基础设施

建立国家网络空间基础设施统筹协调机制，推动信息基础设施建设、应用和管理。加快空间互联网部署，整合基于卫星的天基网络、基于海底光缆的海洋网络和传统的陆地网络，实施天基组网、地网跨代，推动空间与地面设施互联互通，构建覆盖全球、无缝连接的天地空间信息系统和服务能力。持续推进北斗卫星导航系统建设和应用，加快构建和完善北斗导航定位基准站网。积极布局浮空平台、低轨卫星通信、空间互联网等前沿网络技术。加快海上和水下通信技术的研发和推广，增强海洋信息通信能力、综合感知能力、信息分析处理能力、综合管控运维能力、智慧服务能力，推动智慧海洋工程建设。要建成陆-海-空-天一体化信息基础设施，需要建设陆-海-空-天一体化信息网络工程。

(1)陆地网络设施建设。应当继续加快光纤到户网络改造，推进光网城市建设，光缆到行政村，加快4G网络的深度覆盖和延伸覆盖。探索推进互联网交换中心试点，进一步优化互联网骨干网络架构，推动网间带宽持续扩容。适度超前部署超大容量光传输系统、高性能路由设备和智能管控设备。推动广播电视宽带骨干网、接入网建设，采取有线、无线、卫星相结合的方式，推进广播电视宽带网向行政村和有条件的自然村延伸。

(2)海基网络设施建设。统筹海底光缆网络与陆地网络协调发展，构建连接“海上丝绸之路”战略支点城市的海底网络。加强大型海洋岛屿海底光电缆连接建设。积极研究推动海洋综合观测网络由近岸向近海和中远海拓展，由水面向水下和海底延伸。推进海上公用宽带无线网络部署，发展中远距水声通信装备。

(3)空天网络设施建设。综合利用北斗导航、卫星、浮空平台和飞机遥感遥测系统，积极推进地面配套设施协调建设和军民融合发展，尽快形成全球服务能力。加快高轨和低轨宽带卫星研发和部署，积极开展卫星空间组网示范，构建覆盖全球的天基信息网络。

3. 海外网络设施布局

畅通“一带一路”信息通道，连接经巴基斯坦、缅甸等国到印度洋、经中亚到西亚、经俄罗斯到中东欧国家的陆地信息通道。积极参与面向美洲、欧洲、东南亚和非洲方向海底光缆建设，完善海上信息通道布局，鼓励在“一带一路”沿线节点城市部署数据中心、云计算平台和内容分发网络(Content Delivery Network，CDN)平台等设施。

1.4 数字孪生的智慧地球前景

2011 年，美国空军实验室首次提出了数字孪生(Digital Twin)概念。当时，他们将这一技术用于航空航天飞行器的健康维护与保障。根据美国航空航天局(National Aeronautics and Space Administration，NASA)的定义，数字孪生是指充分利用物理模型、传感器、运行历史等数据，集成多学科、多尺度的仿真过程，它作为虚拟空间中对实体产品的镜像，反映了相对应物理实体产品的全生命周期过程。数字孪生是一种超越现实的概念，可以被视为一个或多个重要的、彼此依赖的装备系统的数字映射。

物理城市与数字城市孪生并存，精准映射，实现虚拟服务。数据驱动决策，智能定义一切，虚实融合蕴含无限，应用创新空间，将引发城市智能化管理和服务模式的重大颠覆性创新。

“数字孪生城市”历经 2017 年和 2018 年的概念培育期、2019 年的技术方案架构期，2020 年已正式步入建设实施落地期，国家政策密切关注，地方规划加速落地，企业前瞻布局，市场规模爆发增长，产业生态积极构建，应用场景日益完善，全球共识逐步达成。

“数字孪生”不再只是一种技术，而是一种发展新模式，一个转型的新路径，一股推动各行业深刻变革的新动力。“数字孪生城市”不再只是一个创新理念和技术方案，而是新型智慧城市建设发展的必由之路和未来选择。

利用数字孪生技术及虚拟现实技术，可以给用户模拟仿真突发灾难的场景，让用户犹如身临其境，更加生动地体验在紧急事件发生时每个行动所带来的后果。

1. 应急现场环境快速还原

采用新型测绘技术，快速还原地震、泥石流、滑坡等应急事故现场的环境。

2. 应急资源可视化管理

通过可视化的界面实时展示各种应急资源的位置、状态，并可为某一突发事件提供底层的应急资源数据支持。

3. 应急预案科学仿真

按照“情景-应对”模式，通过三维模拟仿真技术对整个应急事件的处置全流程进行仿真，并开展多角度的评价。

4. 应急预案模拟演练

基于数字孪生技术，针对不同场景、不同角色和不同操作，开展模拟演练，以达到预案优化和人员培训目的。

5. 公共安全防范

实时动态监控、真实场景再现和反向智能控制，对城市公共安全具有全面透彻感知、系统整体掌控以及迅捷精确响应。

基于数字孪生技术构建的智慧地球，也会推动数字化战场从实际战场数字化发展到数字孪生战场的高级阶段，将具有更多的智慧战场属性。数字孪生战场综合了感知控制技术、人工智能技术、建模仿真技术、数据融合技术，对战场实体域、战场数字域、服务驱动域等三域数据融合计算。其本质是一个战场建设数据闭环赋能体系，其建设对象主要包括“实体对象”“虚拟对象”和“应用服务”三个方面，不可或缺。

美军作为数字孪生技术应用于军事领域的先行者和领先者，已经实现数字孪生技术的全域应用。例如，美陆军利用数字孪生技术进行导弹及发射平台状态评估；美海军利用数字孪生技术创建了具有信息战功能的数字林肯模型，将其安装在“林肯”号航母上，以提高其网络电磁装备的安全性和可靠性；美空军利用数字孪生技术进行战斗机的维护、解决数据安全问题等；美军还将数字孪生技术应用于计算机网络，构建网络副本，模拟网络攻击和防御，在系统受到威胁时，用副本替换损坏的版本；美国国防后勤局正在开展的“数字孪生后勤体系”，数字孪生体促进装备维护实现从“事后评价”向“事前预测”的转变，将装备可用性提高 20%、运行保障成本降低 10%。由此可见，数字孪生技术凭借其突出的优点已应用于陆、海、空、天、电、网各领域，是智能化战争不可或缺的技术之一。

数字孪生地球旨在建立一个可持续演进、可交互和集成多域多尺度的数字孪生化的地球，提供可靠的地球系统模型和仿真。在数字孪生地球的基础上，还应该建立基础设施的数字孪生模型，打造军事物流链、联合投送链、战场救治链一体化的后勤保障体系，优化联勤保障资源，包括作战和训练基地、仓储、物流中心、医院、物资投放、装备维护、资产管理等。通过数字孪生模型、实景展示模型、数字化战场平台，将军事物流链、联合投送链、战场救治链投射到虚拟空间，实现人、装备、环境虚拟与现实的有机结合，畅通战备物资筹措、仓储、运输、配送、回收等环节，形成联勤保障能力资源的动态虚拟呈现，保障孪生世界中分析推演的速度和准确性。采用数字孪生等模拟仿真技术，精准测算保障需求与保障能力的差距，完善不同联合作战样式下的保障需求模型和保障资源模型，使联合作战与联勤保障高度匹配，精准快速投送装备、物资、兵力，构建精准快速保障能力。

第 2 章　复杂环境信息保障需求

现代复杂环境是“高立体”和“全领域”的陆、海、空、天、电磁等各领域高度一体化；战场空间层次更丰富，包括超低空、低空、中空，高空、超高空和太空等空间。而且超低空和太空这“两极”层次空间，已被开辟为联合战役的重要战场。尤其是在太空进行的天战，在电磁领域进行的电子战，更将联合作战带入一个全新的环境领域，它使战场环境增加了新的构成体和大量崭新的环境要素，将使战场环境信息保障面临离子流、顽石带、温度场、宇宙尘埃等太空环境要素和电场、磁场等电磁环境要素的挑战。

广域、实时、精准侦察感知的智能化保障需求。随着现代战争范围的扩大、节奏的加快、空间的拓展，战场态势及环境变得异常复杂，充满了诸多不确定性。依靠传统人工探测及数据处理方式，难以满足全地域、全谱段和全过程的战场数据感知要求，大量“战争迷雾”将影响指挥员对情报信息及战场态势的实时、精准研判。为此，需要在智能技术的支撑下，采用智能传感与组网技术，广域快速部署各类智能感知节点，全天候、不间断地获取战场信息数据，并面向任务主动协同探测，构建透明可见的数字化作战环境；依托数据挖掘、知识图谱、机器深度学习等技术，开展多源情报融合、目标自动识别、战场情况综合研判，帮助作战指挥人员理解和刻画全局战场态势图，以便实时地掌握战场态势、战场环境情况及其对军事活动的影响。智能化侦察感知保障的运用，将极大降低联合战场中态势及环境的不确定性，并提高保障的时效性和精准度。

科学、高效、精细指挥决策的智能化保障需求。现代战争是诸军兵种联合的跨域一体战，作战决策对保障的预测性、时效性和精确性提出较高要求。如何通过掌握的当前战场态势，科学预测敌方未来行动，如何快速地从大量目标中作出选择并精确匹配作战力量，如何精细测算弹药消耗、后勤物资需求，并科学预测打击(或干扰)效果，等等。解决好这些问题，仅依靠指挥员个人经验、判断和直觉的“概略、粗放"式的保障模式，越来越难以适应联合作战的需求。利用大数据分析、虚拟现实、云计算服务等人工智能技术，有助于补偿人类在生理和心理方面的缺陷和不足，将极大地提升情况研判、趋势预测、任务规划、方案评估、计划生成等智能辅助决策能力，真正实现作战指挥由"以人的经验为中心"向"以数据和模型为中心"的智能化决策保障方式转变，促进指挥艺术与技术的高度融合，从而加快指挥周期，夺取"观察—判断—决策—行动"(Observation-Orientation-Decision-Action，OODA)循环链的主动权。

自主、分布、协同行动控制的智能化保障需求。随着作战空间向特种空间(如高警戒空间和洞隙空间)拓展，以及无人式、分布式、跨域式等作战样式的广泛运用，对行动控制的保障需求越来越呈现出"自主、分布、协同"等智能化特点。加强行动协同的智能保障，依托智能指挥系统，自主制定与验证本级协同动作计划，控制多类无人系统(如空中"蜂群"、水中"鱼群"和陆上"狼群"等无人作战集群)、有人系统与无人系统，指挥员可按照战场态势变化，调整行动计划，实时协调作战行动，使诸多力量协调一致地实施作战行动。

快速、融合、精确作战评估的智能化保障需求。及时、准确的作战效果评估，是指挥员实施正确决策与协调控制的基础，是精确作战和精确指挥的重要体现，是实施后续作战的依据。对战场评估的保障，一方面需要对星载、机载、舰载及地面各类侦察平台获取的光学、电子等多源目标毁伤信息进行快速融合，获取完善的战场目标毁伤信息；另一方面还要对大量的战场目标毁伤情况进行整理、比对、分析，从而得出结果。受技术手段限制，传统评估主要采取基于作战效果的概略群体定性分析方法，无法适应战场"OODA"链路的快速循环需要。为此，需要依托智能评估保障系统，在打击行动实施的同时，能够自主完成多手段打击效果评估信息的采集汇聚、分级分类，进行基于大数据的分析比对，从而精准获得即时打击效果，以辅助指挥员果断结束打击行动或再次进入打击行动。

本章主要从物理域战场环境信息保障需求、信息域战场环境信息保障需求、认知域战场环境信息保障需求、社会域战场环境信息保障需求和跨域战场环境信息保障需求五个层次对战场环境信息保障进行详细的描述。

2.1 物理域复杂环境信息保障需求

物理域是真实存在的有形领域，是各种作战平台和连接平台的通信网络客观存在的领域，包括陆地、海洋、空中和太空。复杂环境是一个由自然环境、社会环境和军事环境等多种要素构成的大环境系统。根据作战空间和地域分布规律，是集陆、海、空、天、电磁、网络等于一体的复杂环境，图 2-1 为战场环境系统模拟图。

图 2-1　战场环境系统模拟图

针对全域作战中战场环境及战场态势信息来源分散、复杂高维、实时快变、多元异构，各级各类作战人员难以形成综合、完整的战场态势认知的问题，本节提出战场全息地图这一新型地图产品，阐释了战场全息地图的概念及特点；分析了战场全息地图的关键技术体系；探讨了战场全息地图制图服务系统的建构并给出示例。战场全息地图将位置服务中按需、实时、精准等理念扩展到战场态势服务中，有助于促进战场态势感知服务向大数据支持下的人工智能模式转换，提升战场态势服务的能力和水平。

2.1.1　基础设施及地志

军事信息基础设施是军事信息系统演进的产物，由信息传输网、承载公共业务及网络建设需要的全军共用物理设施、维持网络运行与工作的基础软件、信息数据、公共应用服务和应用支撑服务程序、信息化军事装备接口、安全服务和其他服务等构成，能够满足各种军事作战范围内各种协同需要及信息交互。

为了应对当前国际竞争的新局势和经济增长的新变化，我国提出新基建国家战略，打造以 5G、人工智能、数据中心、云计算和物联网等为代表的新型信息基础设施，形成引领数字时代未来发展的新结构性力量。大力发展新基建是我国发展和超越的重大机遇。在此大趋势下，军事信息基础设施建设也应与时俱进，我们需认清形势要求，勇于改革创新，以网络信息体系为抓手，加速构建数字化、网络化、服务化、智能化的新型军事信息基础设施体系，为未来一体化联合作战中全面提升体系作战效能提供强有力的支撑。

基于新一代信息技术的新型军事信息基础设施体系，是助力实现网络信息体系理念落地、创新体系能力生成模式的关键手段，具有重要战略意义。

1. 网络信息体系

网络信息体系是“以网络为中心，以信息为主导，以体系为支撑”的复杂巨系统，其基本形态可简化为“节点+连接”。从物理和逻辑两个层面来说，节点指体系作战节点要素，不仅是节点本身，也代表其具备的特有节点要素能力；同样地，连接不仅指节点间的物理连接，也表明从节点要素能力到体系能力的能力差值。我军新型军事信息基础设施体系建设的最终目标是为形成基于网络信息体系的联合作战能力和全域作战能力提供基础支撑，换句话说，是提供从节点要素能力到体系能力的差量。体系能力生成理论模型示意如图 2-2 所示。

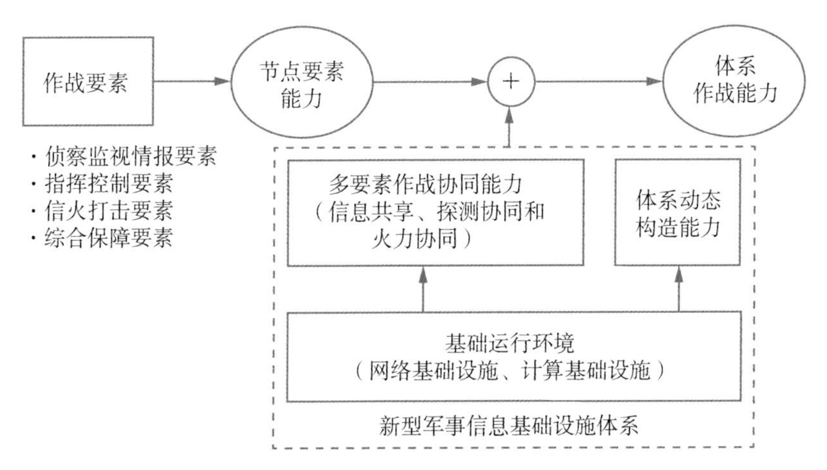

图 2-2　体系能力生成理论模型示意图

新型军事信息基础设施体系为节点要素赋能，形成体系作战能力。具体而言，包括多要素协同运作和体系动态构造能力，以及为此提供的基础运行环境支撑能力。因此，新型军事信息基础设施体系建设的关键在于：① 广域分布的各种体系要素如何有机融合、协同运作；② 面向复杂任务和不确定威胁，体系如何灵活调整和韧性适变。传统的基于特定任务和威胁的树状层次架构存在适应能力弱、信息共享和跨军兵种协同困难等不足，难以解决上述问题。

参考网-云-端架构设计思想和美军全球信息栅格（Global Information Grid，GIG）的理念，按照“网络通联为基础、计算存储为基石、资源共享为关键、能力生成为目标”的思路，构建分布式、可伸缩且可扩展的开放式松耦合体系架构。体系架构具备以下特征：

多网系融合管控和泛在互联。网络通联是广域分布的各种体系要素有机融合的基础支撑。构建全域覆盖的一体化通信网络，实现资源入网即插即用，支撑传感器和武器直接铰链、任务网络按需构建等。

栅格化分布式计算支撑。计算支撑指为全域联合作战体系提供分布协同、灵活调度和韧性抗毁的计算底座，提升体系处理效率，避免因某些关键节点毁伤而带来的体系失能后果。

作战资源能力共享服务。资源共享指信息资源按需共享使用，打破“烟囱式”信息孤岛，实现信息跨域共享、全域融合和精准保障；也指作战资源能力按需共享使用，向全军提供“作战资源即服务”。

体系能力（架构）动态生成。体系能力动态生成指基于体系能力的体系灵活构造和动态重组，由传统“预设方案+人工调整”方式向基于复杂任务和不确定威胁的体系动态构造转变，实现任务式优化组合。

2. 卫星导航体系

卫星导航系统，即全球导航卫星系统，是能在地球表面或近地空间任何地点，为用户提供全天候三维坐标和速度以及时间信息的空基无线电导航定位系统。

卫星导航系统是人类重要的空间基础设施，堪称一个国家安全和经济社会发展不可或缺的重器，对战争形态、作战样式和人们生产生活方式具有深远影响。

目前，世界上有四大全球导航卫星系统，分别是美国的全球定位系统（Global Positioning System，GPS）、俄罗斯的格洛纳斯卫星导航系统（GLONASS）、欧洲的伽利略卫星导航系统（Galileo）和中国的北斗卫星导航系统（BDS），卫星导航技术全球竞争日益激烈。

站在世界军事深刻变革的新起点，瞭望信息化智能化高度融合的未来战场，智能导航体系将应运而生，并发挥重要作用。未来智能化战场，将呈现出信息化条件下综合运用智能化武器和手段、实现高效指挥控制及实施精确灵巧打击的高技术作战特点。卫星导航技术，能高精度、全天候、大范围、多用途地为陆、海、空、天各种物体提供定位、导航、授时服务。为体系化作战提供统一时空基准。对于智能化战场来说，链接要素多、情况瞬息万变，要求对作战单元进行准确定位，实现统一时空基准下的情报侦察、指挥控制、战场机动、攻防行动、支援保障，确保整个战场各类要素形成统筹协调的有机整体。

卫星导航的基本功能是，为各个作战要素提供精准的时空基准。如果没有精确统一的时空基准，联合作战精确指挥就可能失调，作战行动就可能失控，情报融合、目标识别就无法实现。时间误差百分之一秒，十几部雷达锁定的一个目标就会变成十几个目标，精确防御反击将无法实现。

在统一标准时间和地理坐标系下，卫星导航给各类武器平台提供精确制导，给电子战武器精细校频，给作战单兵全天候定位导航，显著提高联合火力打击的协同程度、打击效能。

(1)为作战指挥控制提供态势同步认知。准确把握战场态势，是指挥员灵活准确实施指挥控制的前提和基础。卫星导航系统为战场态势感知提供了强有力支撑。

美军从 20 世纪 90 年代开始，研制基于 GPS 和卫星通信的“蓝军跟踪”系统，用来构建精确化指挥控制系统。“蓝军跟踪”系统有力支撑着美军形成地面战场网络化信息优势，有效解决了“我、友、敌在哪儿”的难题。

军队依托全球卫星网络的导航定位和位置报告两大服务，实现了战场态势监视共享，成为军队“知己”的重要手段。同时，优化了作战行动流程，实现了作战指令分秒级下达，加速了军队指挥控制方式向“一体化”“扁平化”方向发展。

(2)为武器弹药精确打击提供增效利器。在智能化战场上，精确制导武器已成为关乎胜负的“撒手锏”。使用卫星导航系统，能对导弹的飞行过程进行全程修正，确保命中精度。可以说，卫星导航系统是武器平台精确打击的增效利器。

在近几场局部战争中，美军 GPS 精确制导武器比例不断攀升：在 1991 年海湾战争中为 7.6%，在 1999 年科索沃战争中为 35%，在 2001 年阿富汗战争中为 60%，在 2003 年伊拉克战争中为 68.3%，在 2018 年叙利亚战争中达到 100%。

现代卫星导航系统作为精确统一时空体系的核心和基石，面向未来智能化战场的发展需求，要有新的“担当”。

人工智能(Artificial Intelligence，AI)化时代，以“AI、云、网、群、端”为代表

的全新作战要素，将重构战场生态，完全改变战争的制胜机理。卫星导航服务，需要适应智能化战场维度更广、精度更高、体系更强的特点。

(3)导航定位授时范围更广、精度更高。当前的卫星导航系统，实现了地球表面覆盖。但在智能化战场上，需要向深空、海下延伸。作战时域空域更广，要求构建覆盖陆海空天、基准统一、高效智能的综合服务体系，形成无时不有、无处不在的时空信息覆盖，实现更强大、更安全、更可靠的时空服务能力。

如在智能化战场上，无人化作战成为基本形态。无人车自动驾驶、无人机精密进近、智能导弹阵地测量等，都迫切需要在现有导航精度基础上再提升一个量级，确保导航完好性更高、首次定位时间更快、陆-海-空-天跨域能力更强。

(4)军事导航对抗体系更全、更加给力。信息时代的导航对抗手段，是以信号能量增强与干扰攻击为主的简单对抗形态。智能时代的导航与探测、感知、通信、指挥、决策相互交织影响，需要全球任意区域、功率更高、生效更快的导航能力水平，需要导航信号智能调整能力，需要发展量子导航、脉冲星导航、深海导航等多元导航手段，把不同原理、不同方式、不同载体的导航方法融合在一起，实现体系级、系统级的导航对抗能力。

(5)导航信息交互带宽更大、接入更广。智能时代的网络空间，在作战体系中地位作用逐步上升，并与导航时空体系合为一体。提供时空位置的导航信息与网络空间系统，将把分散的作战力量、作战要素连接为一个整体，形成网络化体系化作战能力。这就需要支持泛在感知、左右协作、可信可重构的导航能力，支持高可靠、强抗干扰、随遇接入的信令信道，及时获取所需的地理、地图和图像等导航辅助信息。在此基础上，实现真正意义上的通信导航一体化，达到“一域作战、多域支援”效果。

从世界军事强国发展趋势来看，面向未来智能化战场，智能导航系统在逐步构建天地一体化的时空基准网和导航信息服务网，以天基化、体系化、按需化、云端化为主要特征，形成基准统一、覆盖无缝、安全可信、高效便捷、实战性强的综合导航定位授时体系。

从基本导航系统转变为智能导航系统，其核心是从“定位导航服务”升级为“智能导航服务”，并重点实现以下 4 个方面转变：

时空基准依赖地面系统维持向时空基准天基自主维持转变。地面系统时空基准维持设备将逐步向星上转移，卫星将配置更高精度的光钟、天文测量设备，通过高精度锚固和激光星间测量，形成更加稳定、可靠的天基空间基准。智能导航系统的使用，可使普通导航定位精度达到亚米级，授时精度将提升 5 倍左右，精密定位服务实现快速收敛的厘米级精度。智能导航可完整支撑作战平台跨域融合、分布式杀伤武器效能倍增、空天一体无人机从巡航到精密进近的全过程精准导航。

卫星功率对抗模式向导航体系化对抗转变。在导航对抗服务方面，传统的卫星功率对抗模式将不再满足智能化战场需求，导航体系化对抗是智能装备发展的必由之路，以便提升部队快速适应战场环境能力。具体包括导航性能精准释放、星座异构备份、全球热点机动，主要特征是导航信号智能化、战区增援灵活化。基于可控点波束能量增强技术，实现热点区域能量投送、增强区域扩展、欺骗或阻塞干扰、数传服务保障。在高干扰阻塞环境下，确保服务连续性和精度，并随着战事进程逐步释放实力。

通信导航简单集成向通导一体按需服务转变。将提供更深、更广的导航信息服务，深度融入军事信息网络，面向陆、海、空、天用户的高、中、低速分类分层次导航信息服务。利用导航卫星全球多重连续覆盖的有利条件，满足用户在全球范围、任意姿态的通导需求，实现高可靠性、抗强干扰的搜索救援、位置报告、信令传输。导航卫星天基网络与地面网络信息交互，构建星间、星地高速骨干网络。通过小型化激光终端和增强型空间路由器，形成稳定、可靠的空间网络，装载完备、标准统一的协议体系，支持混合星座网络自主智能运行。

载荷模块计算资源分离向星座计算资源云端化转变。将提供更加智能的天基云计算服务，向智能武器平台提供可信赖的天基智能支撑。其主要特征是，星载硬件资源虚拟化、任务负载均衡化。通过导航卫星配置公用的星载计算模块、大容量存储单元、高速总线网络，形成泛在的空间网络共享资源池。强大的数据处理能力，在支撑天基时空基准自主建立与维持、导航信号质量智能维持、空间网络自主管理等任务功能的同时，可为天、空、地、海各类高端用户，提供空间位置等复杂信息的计算、推送和存储服务。

3. 无人化作战系统

无人化作战系统的优势就在于“无人”，不会因为“精力”“体力”“情绪”等因素影响它的作战状态，因而无人化作战系统拥有对任何战场环境及作战空间的适应能力。无论是在极寒、极热、高压、缺氧等极端气候下，还是核辐射、生化袭击等人类难以生存的环境，无人化作战系统仍可执行既定程序任务。因此，无人化作战系统的全时空执行任务能力，能有效满足未来战争需求，从而增加制胜砝码。得益于人工智能技术的发展，无人战车自主路线规划、目标识别等能力突飞猛进，加上其强大的火力，单车作战攻击力甚至可比肩一个班排兵力。除作战突击外，无人战车还可以在枪林弹雨中救护、抢运伤员，后勤辅助无人战车可以极大提高部队机动性和持续作战能力。无人机能够长时间滞留在目标空域进行侦察，对预定目标保持长时间跟踪监视，并能够依托高度信息化的作战体系将作战信息回传，根据相应的指令对目标实施精确打击，并进行目标毁伤评估，避免高成本的火力覆盖和有人战机的出动。无人潜航器早已威名赫赫，不论是携带武器的攻击平台，还是不携带武器的侦察平台，都是水面舰船和潜艇的天敌。一个完整的无人集群，甚至能“包揽”从排雷排爆、侦察监视、警戒搜索到协同攻防、自主作战、物资运输保障等多个领域任务，拥有巨大作战潜能，从而开启无人化智能作战新纪元。

(1)实时精确透明的战场态势感知。

无人侦察预警装备可充分发挥抗电子干扰、灵活机动、耐核辐射和隐蔽性强等优势，从而大大提升战场感知能力。由于无人平台都具有传感器功能，在集群作战时能够通过分布式探测，从各个方位获取目标信息，并通过群内共享和智能处理、分发，实现无人集群快速、同步感知。

(2)智能便捷扁平的作战指挥控制。

在未来战争中，无人机、无人车、无人舰艇等无人化作战系统大量应用，促使作战指挥体制、指挥模式、指挥场景等发生重大变化。首先，指挥体制向扁平网络式演进，传统的多级指挥链可能压缩为“指挥员-集群”两级指挥链。指挥机关的管理幅度逐渐变宽，组织架构向外形扁平、横向联通、纵向一体的网状结构发展。其次，指挥模式向智能自主式转变。随着无人化作战系统扩大运用，与之对应的新作战指挥模式也会逐渐形成。初级阶段指挥模式呈现为“人在回路中”，无人化作战系统处于配角地位。中级阶段指挥模式表现为有监督式的“人在回路上”。高级阶段智能化决策系统发展成熟，交战规则和战术已经事先预置到无人化作战系统的自主控制软件中，无人集群能够自主感知、自主判断、自主决策、自主行动，可在没有人员干预的情况下自主指挥，指挥模式呈现出完全自主作战，即“人在回路外”。由于无人化作战系统的高度智能化，其具备了较少甚至完全无须人员参与的自主决策能力，能够自主完成从目标定位、任务分配到打击、评估作战进程的秒杀循环，从而提高从发现到打击的速度。

(3)无形无声突然的综合精确打击。

“攻其无备，出其不意”，历来是战争制胜的法则。而无人化作战系统，利用隐形设计、隐身材料、微型尺寸，通过隐形、藏匿、干扰、变轨、加速等技术，无人化作战系统使得精确打击在无形无声中达成作战目的。

(4)协同高效全向的“蜂群”集团作战。

“蜂群”是大量不同功能智能无人平台的集合体，具有单个武器系统所不具有的独特运用方式。利用“蜂群”集团作战的协同优势、数量优势，可实施全向突防、分布杀伤和集群防护。协同优势，即通过群体智能决策和线上任务分解与指派，群内各平台动态自主联动，自适应协同作战。数量优势，即根据战场实际建立动态自愈的“杀伤网”，对目标实施多方向连续或同时的饱和式复合攻击，达成“小而多”胜“大而少”的效果。全向突防，即由于小型无人平台成本低、数量多，可在宽正面上实施多方向、立体同时突入，致敌因平均用兵而分散其防御力量，造成防御薄弱，从而实现有效突防。分布杀伤，即“蜂群”通常根据作战任务将不同功能平台进行混合编组，形成集侦察探测、电子干扰、网络攻击、火力打击等于一体的综合作战群，可从多维空间、多个方向对同一高价值大型目标或区域集团目标实施同时全向式或连续脉冲式的多域“软硬”复合攻击，既能满足对点目标的精确打击，又保证了对面目标的全面覆盖。集群防护，即“蜂群”也可以构建智能自适应防御系统，在主要突击力量或重要目标外围形成自动响应的保护“气泡”，形成立体、多层次的拦截网，既能够“以多拦少”，又可以“以多拦多”，拦截范围广、成功率高，是未来配合实施防空反导作战、重要目标末端防护和反制敌蜂群攻击的重要运用方式。

(5)精确智能响应的联合勤务保障。

无人化系统具有高自主认知、长航时作业、高精确测算等优势，将使未来基于网络信息体系的联合作战保障行动更加自主智能、高效准确，因而使得联合勤务保障方式趋向精确化。战斗保障及时高效，无人伴随支援灵活，无人化系统可搭载相应功能模块，采取自主式跟随或遥控式支援的方式，独立或辅助传统保障力量，隐蔽、安全、快速、高效地遂行保障任务。联合勤务保障需求自主响应，无人精确直达投送。依托“可视化”的保障网络体系，无人保障力量依据保障对象位置、战场态势变化情况迅速评估，避开敌方威胁区域，规划出一条安全快捷的行进路线，直达投送位置。

2.1.2 全域复杂环境态势感知

当前，战争形态正在由信息化向智能化加速演进，战争特点规律和制胜机理发生了重大变化。2015 年以来，美军陆续提出了“多域战”“全域战”的概念，其核心为“跨域协同增效”，强调多域作战能力的一体化。而全域战场态势感知，则是实现“一体化”的基础，也是支撑作战人员把握全局、破网断链、体系对抗及联合制胜的重要保证。

在全域战中，战场态势信息来源分散、复杂高维、实时快变、多元异构，信息的碎片化、片面化、不确定性问题严重，如何针对不同作战人员及其任务要求，实现更快、更准、更全面的战场态势感知服务，是全域作战态势感知急需解决的关键问题。

态势感知是在一定时间和空间内感知环境中的元素，理解它们的含义，以及预测将来的状态。实现战场态势感知需要作战人员通过指挥信息系统对原始战场数据进行集成，形成对战场作战实体客观状态的多用户、多角度和多层级的态势信息展示。当前，态势信息处理技术、态势图生成与服务技术面临严峻挑战。态势信息处理方面，态势数据已呈现多源异构、非结构化、海量且价值密度低等典型的大数据特征，态势要素的整理融合成为态势感知的技术难点之一。采用大数据技术解决态势感知中的数据融合问题已在一定程度上成为共识，基于时空大数据平台的态势感知系统架构、态势数据处理的大数据方法得以研究(李欢，2009；李云等，2004)。然而，如何针对多源多类型态势数据的特点，构建相对统一的技术体系，避免信息来源增长、信息类型增多而导致的方法失效，仍是目前的难点。态势图服务方面，关于态势图生成、态势多尺度表达、态势表达组件的构建(刘卫华等，2002)等已有相关研究成果，但如何依据军兵种、作战任务、指挥层级、战场环境等的差异性，动态计算态势需求并生成态势图，仍是态势服务的难点。

事实上，战场态势感知与位置服务的理念非常相近，可借鉴其技术体系，并适当扩展。全息(位置)地图是位置服务领域最新发展方向之一，其在信息层面强调“物理-人文-信息”三元世界的汇聚与融合，在表达层面强调二维/三维、虚拟/现实、静态/动态等多种表达形式的有机组合；在服务层面，强调“千人千面”、自主按需模式的运用。目前，有关全息(位置)地图的制图模型构建、情境模型构建、制图数据处理等方面已开展了相关研究，并取得一定成果。

全息(位置)地图的特点与态势感知信息多样化、表达多模化、服务个性化的需求相契合。因此，本书借鉴全息(位置)地图按需、实时、精准等理念，以智能化的多源信息处理、地图制图、位置服务等技术为支撑，提出战场全息地图这一新型地图产品。通过合理有效的模型与机制设计、技术方法运用，实现具有“全息”“动态”特点的态势表达，为作战人员提供全面、实时、自适应的全域战场态势服务。

2.2 信息域复杂环境信息保障需求

信息域是创造、采集、处理、传输、共享信息的领域，是作战人员进行信息交流、传送指挥信息和目标信息、传递指挥官作战意图的领域。在大数据时代，战场环境发生了历史性、革命性变化，战场信息总量激增、信息去伪存真越发艰难，日益成为信息主导的主要矛盾。敌情、我情、战场环境信息是战场指挥员必须掌握的基本信息，在军事行动快节奏、高风险的今天，错误的事情经常发生，若不能正确认识环境的重要性，将会导致灾难性后果。新时代战场环境保障的目标，既包括深刻、精确、完整地反映战场环境客观事物，也包括应用知识快速、高质量地解决战场实际问题。

2.2.1 地理空间基础框架

把人和人类生存作为主体，相对于这个主体，人类赖以生息繁衍的地球就是它的“地理环境”，地理环境是由自然界和人类社会构成的。“战场地理环境”则是这个地理环境的一部分，它是以人类的军事活动为主体，相对于这个主体，地球上一切与军事活动有关的地理因素就构成战场地理环境。战场地理环境是相对于以战争为核心的军事活动而存在，并且随着战争技术水平的发展而改变。

童志鹏院士(2002)把核威慑下的信息战争定义为：以远程核威慑武器的巨大破坏力为威慑手段，以信息为基础，以获取信息优势为先决条件的海、陆、空、天(空间)信息一体化战争。这较全面地描述了现代战场是由海、陆、空、太空四维或多维空间共融一体的作战环境。因此，战场地理环境由时空环境、地理环境(自然地理环境和人文地理环境)和军事环境组成。

1. 时空环境

战场时空环境包括战场的时间要素和空间要素。它们是战场中一切物质性要素(即物质性战场信息)的空间载体，同时又被用于表述一切战场要素的时间信息和空间信息。时间信息主要采用“年、月、日，时、分、秒”等时间单位表示；空间信息则主要采用空间坐标表示，如地理坐标、大地坐标等。

2. 地理环境

战场地理环境主要由战场的自然要素、人文要素和经济要素等组成，分别表示战场的自然信息、人文信息和经济信息。自然要素包括战场的地形、水系、植被、土壤、气象气候等信息。人文要素包括战场的政区、城市(居民地)、人口、交通、通信、科技文化等信息。经济要素包括战场的工业、农业、商业及产值、产量等信息。

3. 军事环境

战场军事环境通常由两类要素组成，一类是永久性要素，如军事设施、国防工程，这是战前就存在的战场军事要素，与具体作战行动无关。另一类是时限性要素，如兵力部署、火力配置、野战阵地等，它们与具体作战行动相关，且随作战进程而改变，其中军事设施要素包含港口、码头、机场、通信设施等信息；国防工程要素包含永久阵地、筑垒、人防工程等信息；兵力部署要素包含驻军、参战部队等信息；火力配置要素包含重武器、重装备等信息；野战阵地要素包含堑壕、掩体、交通壕等信息，战场信息的综合保障，就必须以地理环境信息保障为基础、军事信息保障为重点，充分利用并发挥空间信息系统、计算机数据库等技术的优势，为部队提供准确、及时、有效的战场环境信息。

2.2.2 数字环境建模仿真

数字孪生战场(Digital Twin Battlefield)是数字化战场的高级阶段，是集感知控制技术、AI 技术、建模仿真技术和数据融合技术于一体的智能化战场目标愿景，其本质是一个战场建设数据闭环赋能体系。

数字孪生战场是在数字孪生、平行仿真和 AI 等新技术推动下产生的新事物，是一个与真实战场指挥信息系统平行运行的逼真的虚拟环境或仿真镜像系统。数字孪生战场通过与战场指挥信息系统的互联和信息交互，持续获取最新的战场情报信息，建立战场实体仿真模型，并基于持续更新的战场情报信息，不断演化修正战场实体模型，以及不断优化数字孪生战场的逼真性；通过数字孪生战场中战场实体模型的超实时仿真运行，不断对敌方目标可能的作战意图和行为作出判断，生成下一时刻的战场态势演化走向并反馈给真实战场指挥信息系统，循环往复，辅助指挥员通过透视未来、料敌先机及防患于未然来提前做好应变准备，为态势预测和决策方案评估等指挥信息系统作战应用提供支撑。

随着高超武器、太空武器和无人集群等新质作战力量的不断发展，无人战、精确战和网络战等作战样式不断涌现，使得战场变化越来越快，作战行动越来越精准，以及时空切换越来越频繁。在上述发展趋势下，数字孪生战场的意义包括以下 3 点。

更逼真的实战模拟，以准取胜。实时引接真实战场数据，建立随态势数据逐步逼真的全维立体的虚拟战场。通过对战场环境模型与实体模型的精细化建模与动态演化，逼真模拟实战中战场态势由模糊到精确的动态演变过程；数字孪生战场中的实体行为模型具有智能决策能力，可根据不同环境自主选择最优决策行为，逼真模拟实战中敌方的智能决策能力。通过对环境、装备和作战行为逼真模拟，支撑对态势和作战计划作出精准判断。

更全面预知优选，以奇取胜。通过超实时推演，预测战场未来情形，更全面支撑战场走向分析和作战方案评估。基于超实时多分支仿真推演，对各类可能情形进行超实时并行推演，提前预测方案执行效果及敌方所有可能采取的行为，既可支撑指挥员对最坏战场走向的预知并及时扭转战局，又可在指挥员选定作战方案时对所有敌方应对方案进行推演，分析挖掘可带来优势的奇招。

更高效推演预测，以快取胜。充分发挥机器的计算优势，为作战指挥控制能力带来颠覆性的速度提升。基于高性能的计算资源，对全要素的战场进行高倍速的博弈对抗推演和超实时的态势演化预测，在极短时间内完成对海量预测分支的推演与数据分析，支撑实时态势研判与指挥决策，在未来以决策为中心的作战场景中获取速度优势。

2.3　认知域复杂环境信息保障需求

认知域定义为一个由感知和推理组成的领域，在这个领域中，通过利用信息环境来影响个人、群体或人口之间相互联系的信仰、价值观和文化，从而实现操纵。与传统作战不同，认知域作战不再局限于陆、海、空、天、电、网等领域，突破了传统的物理域、信息域，具备独特优势，呈现出新的特点，拓展了现代战场新边疆。

认知域作战扩展战争领域空间。首先，认知域战场空间广泛，主要体现在人的精神、心理、思维、信念等认知活动，其作战对象主要是敌对国首脑政要、军队要员、社会精英及广大民众等。其次，认知域作战形式广泛，包括但不限于政治外交施压、经济封锁制裁、文化渗透侵蚀等。再次，认知域作战目标广泛，主要是动摇敌方信念、瓦解敌军意志、影响改变对手决策，进而引发敌对方社会混乱、决策失误、军心涣散，甚至颠覆其国家政权等。

认知域作战模糊战争领域边界。认知域作战的主体是人。人作为战争中最活跃的因素，尤其是决策高层的认知体现着战争的整体意志，直接左右战争全局，决定战争胜负。国家首脑和军队将领的认知是认知域作战的重点进攻目标。民众意志、社会基础和国际舆论等通常作为认知域作战的基础，是推动战争进程和走向的关键力量。认知域作战混合了常规与非常规，模糊了战争领域边界，旨在从认知上诱导打击信息接收者，绕过传统战场直达最薄弱环节——人，战术动作便可达成战略目的，从根本上改变战场环境，改变战争结局。

认知域作战直达最终战略目标。中国古代兵法有云：“用兵之道，攻心为上，攻城为下；心战为上，兵战为下。”认知域作战旨在占领认知主导权，影响敌方决策和行为，以最小代价达成最大作战效能。正如克劳塞维茨在《战争论》中所提到的，“战争是迫使敌人服从我们意志的一种暴力行为”。由于认知域作战不是对有生力量的硬杀伤，而是对无形目标的软杀伤，不仅能“迫使敌人服从我们意志”，客观上还使得敌人从内部摧毁自己，使其无力抵抗、分化瓦解，最终达到不战而屈人之兵的“全胜”战略目标。

在混合战争视角下，意识形态宣传与灌输、价值观与文化的渗透、传统的舆论心理与法律攻防和信息网络战等，都成为认知战的重要方面。本节从意识形态宣传与灌输、价值观与文化的渗透、传统舆论心理与法律攻防和信息网络战四个方面对认知域战场信息环境保障需求进行详细的描述。

信息是认知战的基础“弹药”，信息优势决定着认知优势的形成，必然也就决定了对信息的全域精准感知是认知战的前提。未来战争中，敌对双方都会竭尽所能来确保及时、准确、全面地掌握各个维域的信息，以达到对战场空间的全面掌握，确保己方的指挥决策和各个行动都能得到充分的认知信息保障。由于信息不受维域的限制，导致认知对抗的空间不仅覆盖了陆、海、空等传统物理域，而且覆盖电、网等信息域，同时还包括了人的认识空间，也就是认知域。信息可以在物理域、信息域和认知域间相互融合渗透、共同作用，全域感知需要着眼信息在认知对抗中的全域性、融合性等特点，在全域范围内实施信息精准感知。从感知范围来看，既包括传统战争涉及的陆、海、空、天、电磁、网域信息，也包括诸如人的思想、思维、精神、意志等有关的政治、社会、经济、外交、文化、舆论等领域信息。从感知层次来看，既涉及国家战略层面的企图、意志等，也包括某一组织或领域的指导方针、发展规划、文化建设等内容，还包括社会基本组成人的精神、思想、意愿、心理、习惯、习性等。从感知时间来看，信息没有平时和战时的界限区分，平时就是战时、战时依托平时，可以说认知感知是“无时不战”。

2.3.1 意识形态宣传与灌输

国防传播是配合国家安全传播战略的要求，根据国家防务的需要，适时适当提高军事透明度，通过各种适当渠道增加对国家防务和军事发展方面的说明、介绍和解释。国防不仅涉及军事、军队和军人，而且关系全体国民，涵盖经济、政治、文化、科技、外交、教育、生态等诸多领域，直指国家安全和利益。在对外全面开放、对内深化改革的条件下，国防传播要帮助人民群众更加全面、客观地认识当代中国和外部世界，使人民群众理解和拥护国家努力争取和平发展的国策和“积极防御”的军事战略思想，同时也要向世界展现我国政府和人民热爱和平的态度与捍卫和平的勇气。

具体而言，国防传播向人民群众展示发展成就、鼓舞国民士气，引导国民理解信息化条件下国家防务的内涵，理解“我们的国防是全民国防”的重要意义，熟悉公民的国防责任与使命，为国防建设营造良好的舆论环境和发展条件，为实现国防和军队现代化提供资源和国民支持，实现国防力量的不断跃升。我们还要通过国防传播宣传人民解放军热爱和平、倡导合作、开放透明、素质过硬的国际形象，使他国了解我国的防御性国防政策，消融受西方国家鼓噪“国强必霸”惯性思维影响所产生的疑惧。军队媒体是国防传播的主要力量，可以表明立场、申明态度、展示实力、增强威慑；社会媒体要提高对国防传播的认识程度和责任意识，形成对军队媒体的有效支持与良好互动。

建立中国特色的国防话语体系是国防传播的首要任务。“和平发展”和“积极防御”是我国战略思想的两大基石，它们具有深厚的历史底蕴。中国古代战略思想指出“兵凶战危”，追求“止息兵戈”，强调战争的正义性质与道义基础，国家发展武装力量正是防止暴力、实现和平的实力保障。这种思想倾向与源自西方的黩武、扩张型战略文化有着本质上的不同。伴随国家的和平崛起，我们需要对我国传统文化中的国防战略思想进行创造性吸收和创新性发展，对我国传统战略文化概念进行当下的话语诠释，使其能够清晰地展现出我国的文化精髓、军事思想、战略主张和安全诉求。中国战略思想的对外传播更需要适当的国防话语体系来表达，这不只是关于我们政治立场的表态，同时也向全世界表明新兴大国的自我定位、利益诉求和大国担当，以促进国际社会更好地理解中国国防的防御性质和建设方针。

充分利用网络平台形成传播合力。当今世界，西方的话语霸权，很大程度上是一种媒介和载体的霸权。如果没有良好的传播渠道，在国际上就会处于无处发声、不被理解的被动境地。2014 年 11 月，首届世界互联网大会在中国浙江乌镇举办。这个以搭建全球互联网共享共治平台、共同推动互联网健康发展为宗旨的国际会议，打开了世界各国合作应对网络安全这一全球性挑战的现实通道。2015 年 12 月 16 日，习近平主席在第二届世界互联网大会上指出，以互联网为代表的信息技术日新月异，引领了社会生产新变革，创造了人类生活新空间，拓展了国家治理新领域；习近平主席强调维护网络安全是国际社会的共同责任，各国应该携手努力，共同遏制信息技术滥用，反对网络监听和网络攻击，反对网络空间军备竞赛。为此，国家要加强网络立法，治理各种网络乱象，加大对网络舆论的正面引导，通过积极沟通和有效对话，使广大网友理解国家安全和公共治理的复杂性，引导网民理性行为，在网络传播中发挥建设性作用。同时，通过这一全球互联网共享共治平台，阐发中国的信息化发展和网络安全思想，促进他方对中国发展的认识和理解，同时也便于各国达成全球网络发展共识，携手全球网络治理。

2.3.2 价值观与文化的渗透

国家首脑认知叙事是代表国家战略意志和国民认知的较量，紧紧围绕实现国家政治意图、服务政治大局、争取政治主动来展开。主要依托国家战略传播体系，争夺的重心是文化、信仰、价值观、意识形态等，根本上是影响人的政治立场、政治态度。认知叙事的制胜可能会取得比火力摧毁、兵力夺控、攻城略地更大的战略收益。国家首脑代表国家利益进行认知叙事具有显著的政治意义。

认知域作战技术是翅膀、是支撑，内容+技术两者融合才能叠加增效。特别是信息化智能化时代，人工智能、大数据、脑科学、神经科学等新兴技术手段全要素融合、全流程渗透，为主导认知、提高认知、颠覆认知等提供了强力支撑和广阔空间，正在引发认知域作战的迭代升级和深刻变革。认知域作战是数据知识的武器化叙事，创新技术手段、专业力量、概念战法是认知域作战的关键。认知域作战遵循进攻与防御的基本原则，攻在于突破对方的逻辑、情感、意志等认知防线，防在于建立己方思想、心理、信念等精神免疫系统，具有攻防一体，无形无界的特点。

2.3.3 传统的舆论心理与法律攻防

认知争夺中的国际传播具有平战一体、军民一体、全时累积释能的特点。是一场不间断的、常态化的斗争，不是仗打起来才有、打起来才用，而是常态在战、随时在战，平时塑造影响甚至更重要，作战效能持续积累、逐步释放。往往是先开场、后收局、全程用，作战行动停，而认知攻防的国际传播不停，甚至战争本身结束多年，认知域的国际传播仍在持续。认知争夺中的国际传播具有筹划的隐蔽性、行动的长期性、效果的涌现性。其作战行动需要流程化驱动，以“分众设计—目标画像—策略定制—信息试验—效果评估—策略优化”为主轴，统筹设计军事作战与认知作战行动。

2.3.4 信息网络战

5G 与天基互联网更是“黄金组合”。在信息时代，战争是陆、海、空、天、网络一体化作战，对信息化作战条件下的通信业务要求越来越高，天基 5G 则能很好地满足这些要求。具体而言，天基 5G 高速率、低时延的特性可以高效采集、传输、处理海量战场数据，为指挥员提供实时数据分析结果并快速更新态势信息，帮助后者建立对战场态势的高度感知，获得更全面的视角。同时，天基 5G 通信技术能使更多的用户利用同一频率资源进行通信，从而在不增加基站密度的情况下大幅提高频率应用效率，有助于实现战场信息终端的互联互通，打破原本各军兵种平台由于体制、装备等方面的限制被困于“信息孤岛”的状态。

天基 5G 还能让“无人军团”更加成为可能。构建大容量、低时延、高速率的战术通信网络是实现遥控无人作战的前提，但受限于作战环境，基于光纤传输的通信手段是难以触及的，而天基 5G 能提供战场所需的通信解决方案，满足后方目标识别和指挥通信需求，各类自动化武器系统也可以实现在毫秒级别的控制周期内完成传感器测量、数据传输和智能解算等。在战地医疗中，天基 5G 网络可以实现医生与机器人手术平台远程连接，为伤员提供远程手术支持。后勤保障部门可以灵活控制无人运输车队，使战场物资配送更加高效。可以说，天基 5G 将对人类战场的作战样式产生颠覆性的影响。

除了成为军队战斗力的“倍增器”，“星链计划”甚至存在直接参战的潜能。在该计划伊始，就有观点认为其会影响太空环境，因为总数近 1.2 万颗的卫星，如果被空间碎片撞击产生新的碎片，并引发连锁反应，后果不堪设想；如何处理已经失效的卫星也是大问题。对此，太空探索公司 SpaceX（示意见图 2-3）称在卫星选材上会尽量少地采用难熔金属或者阻燃复合材料，这样卫星失效后在进入稠密大气后不久就会完全烧毁（目前能够做到 95%以上），最大限度减少再入碎片问题。而且“星链计划”卫星都带有离子电推进发动机，能够实时收到来自地面的太空碎片监控情况，必要的时候能自主进行最优规避轨道的在轨优化计算并实施变轨，以免被太空碎片击中后形成更多碎片引发空间灾难。也有专家指出，“星链计划”采用的这种防撞技术只需稍作修改，就能用来拦截敌方弹道导弹，因为如果卫星能够按照最优轨道规避碎片，也就具备了按最优轨道拦截洲际弹道导弹弹头的能力。

图 2-3　SpaceX 示意图

2.4　社会域复杂环境信息保障需求

任何战争都离不开进攻和防御，社会域认知战也是如此，不论在军事领域实施“威慑性”“欺骗性”“惩罚性”军事行动，还是在信息、经济、政治、社会、文化等非军事领域实施“影响型作战行动”，都是在认知空间对人的心理、精神、信念、思想等认知施加作用，展开影响与反影响、渗透与反渗透、破坏与反破坏、控制与反控制等各种认知攻防活动。这点可从认知的全域防护和全域进攻两方面来认识。

社会域认知防护就是在全域、全时加强己方认知安全，筑牢认知防线。做好全域认知防护需要全域运用认知检测、校对己方认知的防御、拒止情况，积极抗击对手的认知进攻，保护己方的认知薄弱部位不受对方攻击。固守己方认知，利用信息及多种认知平台、多种手段全方位宣扬己方的价值理念、正义立场，与民众内心价值观产生共鸣，得到民众认可，激发民众对敌方认知攻势的抵触反抗，统一意志、凝聚民心、激发士气，团结国内外广大的利益群体一致对敌。加强认知防护，在全域认知范围内降低敌方侦察感知的发现率、监控率、确认率，加强对重要认知领域的防护手段和隐蔽措施，降低己方信息、经济、政治、社会等涉及安全相关的可感知性，加强防护管控，强化相关保密、管制手段。实施认知遮蔽，通过增添认知迷雾，围绕战略企图，采取伪装性行动来隐藏己方的真实企图，隐真示假，来增强己方认知的安全性。比如，不断调整军事力量部署，以常态化威慑性演习来拒止对手的侦察袭扰，打乱对手的认识判断。

社会域认知进攻是对敌方认知施加控制、干涉、影响，来达成对敌的认知优势，实现己方的目的企图。全域认知进攻具有大范围、全领域的特点，要求认知进攻必须在多个领域、多个维度、多个时段，同时发起认知进攻以形成整体合力，达到最佳成效。加强认知渗透，通过侦察对手的认知态势、决策习惯、思维模式等情况，有针对性地以营造态势、改变氛围、刺激心理状态等行动，分化瓦解对手国内认知的整体性、统一性，影响对方的决心意图、指挥决策。打乱认知流程，干扰、中断敌认知循环运转、链路畅通，必要时可以用物理域和信息域的攻势行动摧毁某些关键节点，打乱影响敌指挥官认知判断，迟滞对手的反应和应对。实施认知主导，根据对抗需要有步骤、成系统地对敌进行军事、经济、文化、外交、民心等各方面各层级行动，以物理域、信息域和认知域的攻势，展示硬实力，表明己方的意志决心，改变对手原有认知，以形成有效控制，信息域、认知域和社会域的关系如图 2-4 所示。

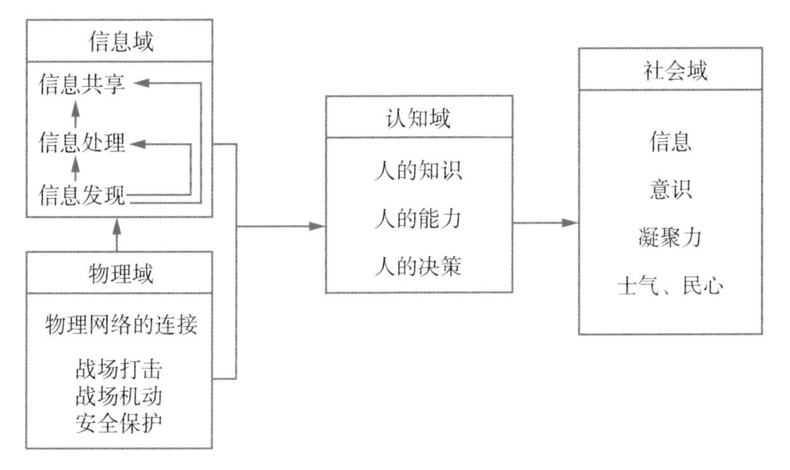

图 2-4　信息域、认知域和社会域关系图

2.4.1　社会域复杂环境综合分析的基本原则

1. 主战场环境

双方直接交战的战场环境，包括战场地形、地表物、空中打击、太空侦察和打击，以及天气、气候等，是传统战场的立体化。如干燥荒漠地形，在古代只需要考虑两军对阵的优先区域，最多考虑下天气、风向等。但现代战争，除了考虑地表因

素外，还要考虑到该战场有助于空中作战，有利于太空卫星侦察，但沙尘暴时对空中打击很不利。再如海军对战，过去只需要考虑海洋的洋流、风速和风向、与海岸线距离等。但是现代战争需要从立体角度来考虑战场环境，如海军航空兵的空中战斗、太空卫星的侦察等。

2. 战场支援环境

对作战战场环境的分析，不能局限于短兵相接的主战场，还要考虑到基于主战场的支援环境。如沙漠地区敌我两支部队遭遇并作战，不能只局限于双方装甲力量和步兵交战的战场范围，还要基于现有的战场环境及敌军实力分析可能的支援情况。如当前战场属于沙漠地形，晴空无云，无沙尘暴，敌军只出动了少量直升机等；而经过事前侦察，敌军武器装备先进，为本次战争调动了大量卫星、舰队、空军等，在本战场 50km 以外有敌军数支部队即空军基地等。由此可以分析出，敌军会在第一时间出动空军基地的飞机，动用附近部队的远程火箭炮支援，其空军基地完全可以调动卫星监控本战场。而在当前主战场环境下，这些支援是完全可以调用的。如果侦察发现一小时内会出现沙尘暴，那么这些支援会统统失效。因此，我军对战场环境的分析，不能仅局限于当面之敌作战所在的地形和气候及已经到场的空中力量等，还要分析现有环境下敌我双方可能的对战场支援情况。

荒漠地形有利于装甲力量的突击，但裸露的环境下容易暴露，遭遇空中力量和远程火力打击。这种地形下的装甲部队作战，显然不能只看战场环境和战场上敌我两军的情况，既要考虑如何利用地形发挥战斗力，又要考虑防止敌军侦察和火力打击，还要考虑沙尘暴等天气的影响。如阿登战役前，德军充分分析了阿登地区的地表环境选择恰当的突破口，由于盟军强大而迅速的空中支援力量，通过分析气候条件选择盟军空军无法支援的暴风雪天气。

3. 舆论环境

现代民权高涨，舆论对战争的影响越来越大。在古代战场上，作战双方毫不怜惜、随意杀戮，但在现代文明社会绝不可能出现此种现象。因此，无论何时何地的作战，哪怕是远程导弹袭击和空中的作战，或者是信息战，都必须考虑舆论环境。

一是战场内的公民态度。他们是支持还是反对，可以在情报、粮食、人力、舆论方面影响军队，甚至直接加入一方作战。在 2014 年开始的乌克兰冲突中，克里米亚的平民自发组织军队对抗乌克兰政府军，给政府军造成极大的损失。美军在伊拉克战场，仅用一个月时间就击败了整个伊拉克政府军，美英军损失仅 295 人(其中 139 人阵亡，123 人死于事故)。但在后期对付伊拉克游击队的战争中，阵亡人数上升到 4491 人，这还不包括“事故死亡”的 4403 人，及受伤 5.6 万人。

二是公众舆论态度。即全国或世界舆论对战争的态度，在现代文明社会，这种舆论导向直接影响着战争。一方面，军队所在国的公众舆论，对政府决策影响很大，尤其是民选政府，公众的反抗会在选举、国会决策、社会稳定等多方面影响政府。越战期间，美国国内的反战游行，最终导致美国放弃战争。另一方面，公众舆论影响相关国家与利益集团决策，从而导致他方势力参与。网络将全世界联系在一起，公众对伤及无辜、屠杀平民、化学武器等不人道行为的谴责，会影响各国的决策。同时，全球化极大地强化了各国之间的利益联系，同当舆论支持时，在利益驱使下各国会不同程度地参与战争。如叙利亚战争中，化学武器事件让叙利亚政府军极其被动。伊拉克入侵科威特，伤害了美国利益，而扣押和伤害美国公民给了美国政府介入战争的舆论支持。美国反恐战争中，当无人机、导弹袭击等作战导致无辜平民伤亡时，无论本国舆论还是世界舆论都会不同程度地谴责美国政府，也正是这种舆论谴责使得美国的反恐行动在不同程度上被牵制。

注意战场作战中的舆论影响，调动舆论支持我军作战，或牵制敌军作战，是非常有效的手段。美军在索马里行动中，因为索马里民兵对美军阵亡特种兵的公然羞辱，直接导致美国总统终止后续作战计划。在美国反恐战争中，恐怖分子越来越注重利用平民制造舆论压力：一是利用平民掩护，牵制美军行动，美军利用无人机、导弹的攻击威力巨大，很容易造成平民伤亡，引起战场平民的公愤，引起世界舆论的谴责；二是将美国平民社会变成战场，通过袭击美国公民，引起舆论对美国政府决策的不满。

2.4.2 社会域复杂环境影响因子

1. 地形地貌因子概述

地形地貌主要是对地球表面自然起伏状态的描述，包含连续和突然的变化特征。地貌对军事行动的影响因素可分解为高程、高差、距离、面积、表面积、体积、粗糙度、坡度、坡向、平均曲率等因子，它们是进行地形对军事行动影响分析的基础，基于这些地形地貌因子可进行观察、射击、信息传输、通行、隐蔽、防护性能等方面的分析。高程是地面点沿铅垂线到大地水准面的距离，它是进行其他各因子描述、各种军事行动影响分析及其他要素类分析的基础。高差是地表最高点与最低点之间的高度差，它代表着地形的复杂度，是进行地貌区域划分的主要依据。

2. 水文因子

由于点、线、面三种形态的水体对军事行动影响的水文特征并不相同。因点状水体对于军事行动的作用主要是作为水源，所以我们提取水体的位置、水质、流量和储量作为水文因子。

3. 气候气象因子

气候是地球上某一地区多年时段大气的一般状态，是该时段各种天气过程的综合表现，气象要素的各种统计量(均值、极值、概率等)是表述气候的基本依据。我军针对部队及装备的特点，按照冬、春、夏、秋四季将我国划分为若干气候带。但这些气候带的特点依然是以各地的气象要素为依据，所以本书不再对气候带进行分析，主要对气象因子进行研究。

战场环境气象构成因素包括气压、气温、降水、风、云雾和特殊天气六个要素，根据这六个要素，可以提取出气压、气温、降水、风、云雾、湿度、大气稳定度七个概括性因子，特殊天气由这七个因子组合而成，不作为单独的因子。七个因子是气象因素的七个方面，各个方面可以根据不同的需要划分为若干个实际应用型因子。

2.4.3 社会域复杂环境影响因子合成分析方法

1. 多要素叠置分析

叠置分析是地理信息系统最常用的提取空间隐含信息的手段之一，它将有关主题层组成的数据层面进行叠加，产生一个新数据层面的操作，其结果综合了原来两层或多层要素所具有的属性。叠置的直观概念就是将两幅或多幅地图重叠在一起，产生新多边形和新多边形范围内的属性。数据存储以空间数据库为基础，具有明显的层的特点。各功能分析算法又是以格网单元为基础，分析区域是完全重合的，只需属性之间的计算，并且工具型 GIS 中大多集成叠置分析，所以地形通行性能分析时，可以借助 GIS 的叠置分析。叠置分析通常分为合成叠置和统计叠置。

2. 模糊综合评判

模糊综合评判方法是模糊数学中应用得比较广泛的一种方法。在对某一事务进行评判时常会遇到这样一类问题，由于评判事务是由多方面的因素所决定的，因而要对每一因素进行评判；在对每一因素作出单独评语的基础上，如何考虑所有因素而作出综合评判，这就是一个综合评判问题。

2.5 跨域环境信息保障需求

跨域是在作战空间范围上作战行动至少涉及两个作战域。“跨域协同”，是指各军种通过相互合作弥补其他部队在战斗中存在的不足，进而实现各领域的互补增效，最终成功完成战斗任务。跨域战场环境信息保障体系注重多个作战域的要素融合与协同，针对单一作战域难以完成的作战任务和动态变化的作战任务要求，基于能力互补、效果倍增原则，对陆上、海上、空中、太空、网电、认知等一个以上作战域的感知、指挥和行动等作战要素进行能力互补性组合运用。跨域战场环境信息保障体系是通过按需组合运用跨域作战要素而构成的跨域战场环境信息保障体系，而不仅仅是多个作战域的作战要素和能力的简单叠加。

全域认知感知的实现是一项复杂系统工程，涉及面广、域多、感知途径复杂多样，信息网络技术快速发展为实现全域感知提供了可能条件。各个维域的感知信息只有通过信息网络才能实现聚合，感知信息数据只有在信息网络的支撑下才能发挥作用。从实现途径来看，需要以信息网络为基础和依托，以感知单元为“触点”，以网络栅格为“神经脉络”，通过感知链链接至各分域设立的专门认知处理机构，各分域再综合形成全域态势感知体系，以此形成全维域、无死角、无空隙的全覆盖；从作用原理来看，针对感知目标种类多、分布广、数量大及认知的内隐性特点，运用多种力量手段，多级联动、应接全接、全源汇集，获取全域、全时、全方位的目标数据，再对感知层面目标数据进行多域印证、去伪存真、分析处理，形成对目标特征的初步认识；从保障要求来看，感知信息网络应当按照标准化要求，保证全网数据顺畅流通，同时兼容指挥决策的一般功能，形成多网系叠加的信网体系。在信网体系的支撑下，可以聚焦各级、各类用户的认知需求，发挥信网全覆盖动态互联、直达末端的优势，促进“感知链”与“融合链”“行动链”紧密耦合，实施个性化、精准化和智能化的支撑保障。

2.5.1 复杂环境保障特点

联合作战的战场环境是敌对双方进行军事对抗的基本活动舞台，同时也是作战中引导战争对策，影响主被动互换的客观条件和依据。可谓是责任重大且地位特殊，要想先手制胜，就必须了解其战场环境，透彻分析之才能合理利用之。

联合作战是战争的一种类型之一，也是目前大国间争相发展的最主流的一种形式。可以说，联合作战是世界环境发展到目前这个阶段的产物，所以世界环境作为联合作战诞生的源头之一，起着十分重要的作用。

联合作战不仅是个军事命题、经济命题，更是一个科技命题。可以说，联合作战是对一个国家科技实力的大考，在如今的世界环境，国与国交流便利且频繁，各种科技成果争先问世，超材料的广泛应用、纳米材料属性的拓展、机器人、无人系统的迅速扩散给联合作战带来了巨大的便利，它们支撑着联合部队，也不断强化之。

联合作战的传统环境是由影响作战行动和指挥决策的相关自然环境和社会环境所构成的综合环境系统。联合作战所面对的自然环境主要是地球表面的各种自然地理情况和条件，主要包括了地形、气象和水文环境。

这些都是很传统的战场环境，同时也是最基本的、最客观的、变化最小、最稳定的环境，因为即使以人类目前所掌握的力量，对于这些最基本的自然环境也难以作出大的影响，所以即使战争形态发生了变换，仍旧是在这些基础上完成的。

但联合作战的诞生最大限度地减少了对陆军的依赖性，相反对海军、空军的力量更加依赖。正因如此，自然环境对联合作战的影响也被大幅削弱。随着联合作战战场环境向全维拓展，水文条件不仅包括以陆战场为主的江河湖泊，更是包括了海水、潮汐乃至极地环境，同样气象环境也上升到气压、湿度等。联合作战面临的自然环境只会更加复杂而险峻，不过天气预报等手段的出现也使人类在自然条件下多了一些手段。

联合作战所面临的社会环境是由对作战有支撑和制约作用的各种社会因素共同形成的环境。主要包括经济状况、交通运输、通信基础设施等。尤其是在联合作战发展的这一时期，人类文明、科技和经济快速发展，社会环境有了极大的变化。

首先是社会文明程度不断提高，尤其是在目前世界各国政治和经济日益紧密的国际大背景下，人们对战争附带性伤亡和损失的关注度提高，强制性地运用武装力量会受到国际社会的严重制约，所以作战的强度、规模和手段会受到比较严格的限制，因此联合作战的发展会受到制约，在一些方面比如强度和破坏力会打折扣，同时其他更温和的方面会受之引导而继续发展。

既然有传统环境，自然就有新兴环境，这是时代的产物。如今全球部队都在强调信息化，而信息化对环境的最大影响，就是单独开辟出一种新环境，即信息环境。信息环境是对联合作战有主导作用的信息，以及产生、获得、存储、处理、传输、接收信息的人员、设备、设施等共同形成的环境。

电磁环境作为传统战争模式中最容易被忽视的一点，在新的环境中却发挥着极大的作用，大量的电磁设备和装备开始配装部队。同时因为热战争，具有创伤性的战争不容易发生，所以各种对抗逐渐上升到电磁环境上，要想取胜，就得在电磁环境上取得先机。

同电磁环境一样，在网络和舆论环境中的对抗正在逐渐扩大其影响力，甚至出现频率远超真实的战争。目前因为网络和舆论与大众联系紧密且关系错综复杂，更让节点变得脆弱。同时联合作战无论是在造势、信息交流还是在其他方面，都对这一环境有极强的依赖性。

可以说，联合作战环境对联合作战从战略制定到作战规模、作战对象选择、发起时机等有着极其重大的影响，是联合作战指挥机构筹划决策的首要考虑因素。

2.5.2　复杂环境保障发展趋势

就全球经济而言，21 世纪以来，除了部分地区外，基本上呈上升趋势，世界经济总量在受疫情影响前也在不断提高，经济的增长就为联合作战的发展提供了足够的物质基础。因为联合作战作为新兴但强大的战争形式，其发展需要融合多兵种，不但难度很高，且要有足够的经济支撑才能带动其顺利发展。

冷战结束之后，世界各国之间竞争手段更加多样，热武器战争出现的概率越来越低，再加之核武器的乌云笼罩，真实的战争越来越不可能发生，反而在外交、文化、经济上的较劲越来越强硬，国家之间逐渐演变成综合国力的竞争。而联合作战不仅仅是兵种联合，更是外交、经济等方面的联合，一个国家即使本身军事实力很强，但在经济或是其他重要资源不足的话，也很难与他国竞争，这也是联合作战所面临的残酷环境之一。

随着世界多极化和经济全球化的快速发展，再加上国内资源不断被消耗，越来越多的国家选择走出国门，越来越重视拓展海外利益，这时对空中和海洋的武装力量就更加依赖，随着这两个技术含量更高的军种发展，其在全军的地位和重要性也日益增长，联合作战势在必行。

第3章 智慧地球复杂环境保障内容

智慧地球复杂环境保障是指利用先进的科技手段和智能化系统，保护和管理地球上复杂的自然环境，确保社会可持续发展和人类福祉。本节以应急响应为例，进行智慧地球应急环境保障内容的阐述。随着智慧地球和应急改革的发展，应急环境保障是为联合应急指挥、应急准备、抢险救灾行动和国家建设提供服务保障。

3.1 智慧地球应急环境决策保障内容

复杂环境准确决策是确保应急顺利实施的必要条件。复杂环境信息瞬息万变，正确的决策需要及时、准确地获取和理解复杂环境态势信息。通过决策技术可以更快地帮助指挥人员作出科学决策。因此，本节从复杂环境智能感知体系、智能态势理解内容和智能决策技术三个方面阐述应急环境决策保障。

3.1.1 应急环境智能态势感知体系

1. 复杂智能态势感知理论概念与内涵

陆上无人应急理论和人工智能技术相结合是复杂环境下的智能感知理论，指利用深度学习进行目标识别与融合各种感知信息，最终实现智能感知的技术和理论，可实现无人平台对复杂环境感知理解。复杂感知能力包括信息获取、精确信息控制和一致性复杂空间信息理解(李程等，2021)。信息获取指准确、及时和全面地提供目标的状态、计划、意图和行动等有效信息的能力。精确信息控制指动态控制与集成应急指挥、通信、情报和侦察资源等的能力。一致性复杂空间理解指参与抢险救灾人员对拯救目标、其他目标和地理环境理解的能力，及保持应急和支援队伍对复杂环境态势理解的一致性能力。

智能感知通过人工智能技术将现实世界的信息经各种传感器映射到数字空间，将该数字空间信息提升到认知层，用于理解、规划和决策活动等活动（肖占中等，2001）。目前各种传感器设备都有其相对优势，需要协同使用才能获得更加准确的复杂环境信息。因此，在不同复杂环境下需要多传感器组网，发挥其协同优势，实现功能和信息互补，最终对复杂环境全面地感知理解（王莉，2017）。

目前，虽然各部门更加重视复杂环境态势感知体系的研究，但尚未对复杂环境态势体系感知达成统一的共识。有学者指出复杂环境态势感知就是把各种各样的态势信息经过处理、信息挖掘和表示等方法使抢险救灾人员可以理解，实现救援决策的过程。另外，有些学者认为复杂环境态势是通过可视化的技术把抢险救灾各种信息表现出来，救援人员利用视觉快速掌握应急现场态势。学者通过不同角度定义了应急现场态势感知的概念，但目前随着信息技术发展（如地理信息系统、可视化、信息融合和虚拟现实等技术），应急现场态势感知的内涵及表达方法得到很大扩展。应急态势图是以地理信息系统为基础，在应急事件处理过程中，实时将事件相关信息、人员部署和设施状况及其他环境要素以态势标绘的形式展现在可视化平台中。因此，李昌玺等（2018）定义了应急现场态势感知的概念：

定义 1：应急现场态势感知指利用各种传感器网络在应急现场进行态势感知，通过数据融合、信息挖掘和可视化等技术对应急现场环境信息进行理解和展示，以预测应急现场下一时刻的状态。该定义将应急现场态势感知分为感知（Perception）、融合（Fusion）、展现（Visualization）和预测（Projection），简称 PFPV 模型，如图 3-1 所示。感知指获取应急现场环境要素的属性、状态及下一步的动向等态势。融合指利用融合手段对感知到的要素信息进行融合，获得应急现场态势要素的实时态势。

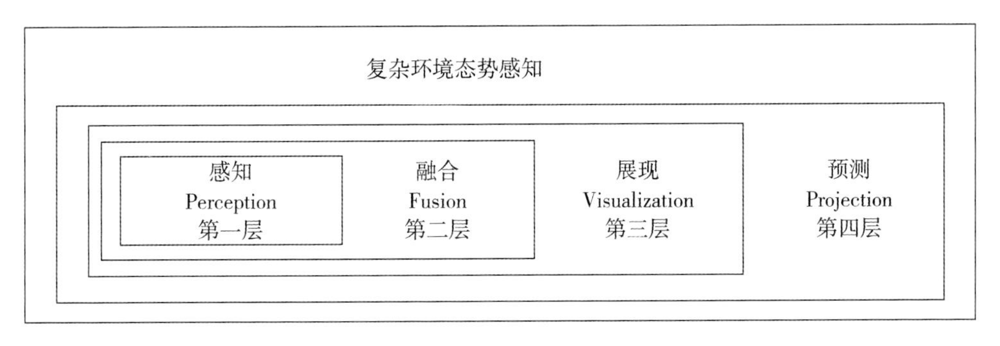

图 3-1　复杂环境态势感知 PFPV 模型

展现指利用可视化技术将应急现场要素的实时态势和预测态势表现出来。预测指对应急现场要素的实时态势进行下一时刻的变化预测。

从定义可知，应急现场态势感知体系将抢险救灾现场的信息融合为可视的单一实体，通过网络化的知识共享平台，为指挥员、救援队伍的部署和决策提供直观可视的信息支持。

2. 复杂智能态势感知体系构建

随着信息化变革的不断深入，应急响应方式从单一救援向陆地、海洋、空中、天气、电力、网络六个维度的综合抢险救灾转变(高坤等，2017)。综合抢险救灾的方式要求指挥员关注整个应急现场的态势，因此需要应急现场态势感知体系来支持。目前，对应急现场态势感知体系的概念没有明确的定义，李昌玺等(2018)从体系的角度给出了应急现场态势感知体系的概念：

定义2：应急现场态势感知体系指将一定时空内的应急现场环境感知要素、单元和系统的所有信息按照一定规则进行融合理解，再通过可视化等技术手段将应急现场整体态势按照救援人员可理解的形式展示出来的整体系统。模型如图3-2所示。

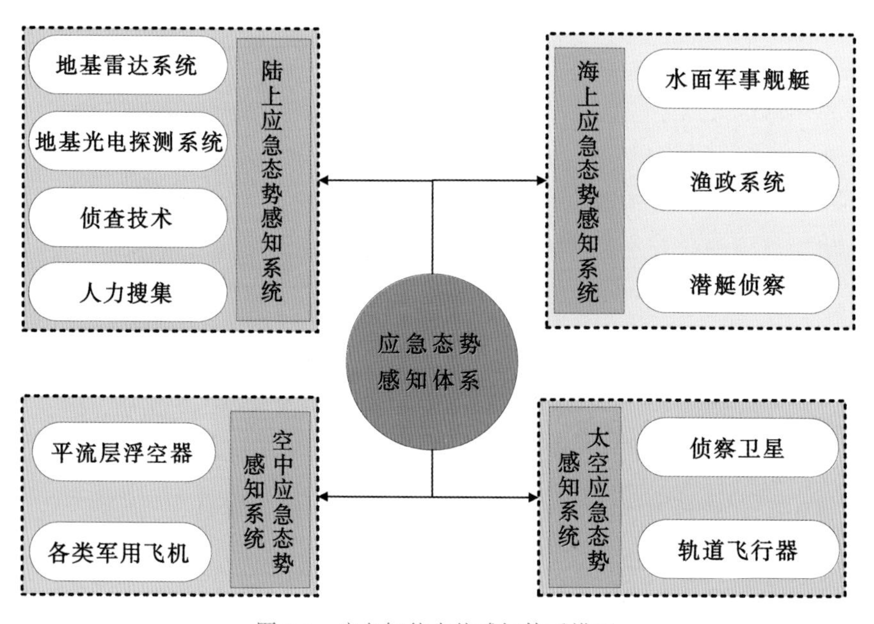

图3-2 应急智能态势感知体系模型

陆上应急现场态势感知系统、海上应急现场态势感知系统、空中应急现场态势感知系统及太空应急现场态势感知系统是应急现场态势感知体系构建的信息来源。要想构建完善的应急现场态势感知体系，必须依靠陆上应急现场态势感知系统、海上应急现场态势感知系统、空中应急现场态势感知系统及太空应急现场态势感知系统提供信息支撑。图 3-3 给出了应急现场智能态势感知体系构建要素。

一个结构完善和指挥高效的应急现场态势感知体系，不仅要建立统一的指挥机构指导陆地、海洋、空中及天气等领域的应急现场态势感知系统信息搜集信息，还需要进行信息有效融合。图 3-3 给出了应急现场态势感知体系三级结构图。第一级：任务级由陆地、海洋、空中和天气应急现场态势感知系统等组成，任务是搜集各领域的应急现场态势信息，并将其传输至应急现场态势感知中心。第二级：融合级由应急现场态势感知中心构成，主要担负各领域应急现场信息的融合任务，同时具有向各领域查询情报的权利。第三级：指挥级由综合指挥中心构成，是应急现场态势感知体系的最高指挥机构，担负全领域应急现场态势感知系统的指挥任务，同时具有向应急现场态势感知中心查询情报的权利，必要时可以直接向各领域查询情报。

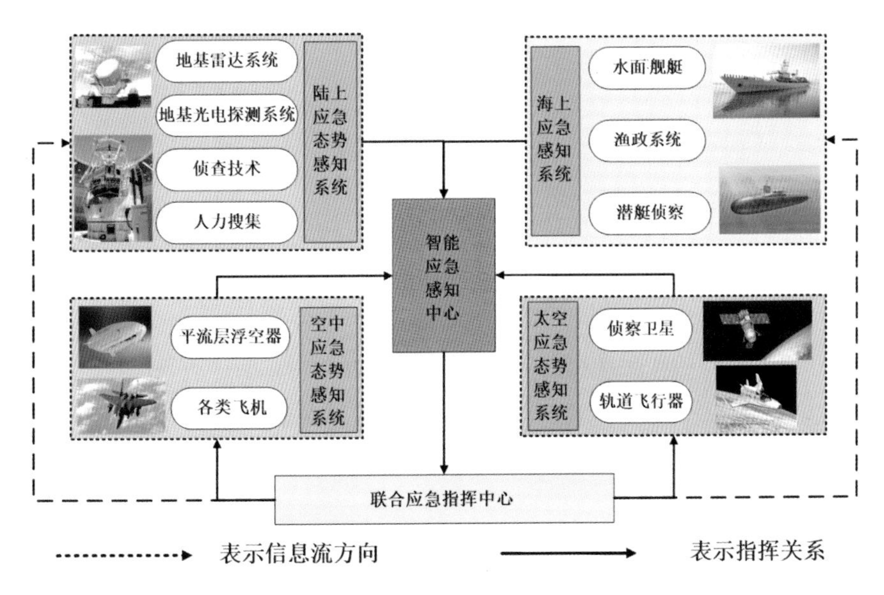

图 3-3 应急态势感知体系三级结构图

应急现场实时救援数据复杂且多样，构建规范化数据样本的特征输入，统一各救援环节的海量数据规范样本进入救援指挥系统，是救援态势分析的关键环节。应急现场态势体系指对应急现场态势的所有影响因素，包括环境、救援人员、事件和估计等诸类要素(图 3-4)。

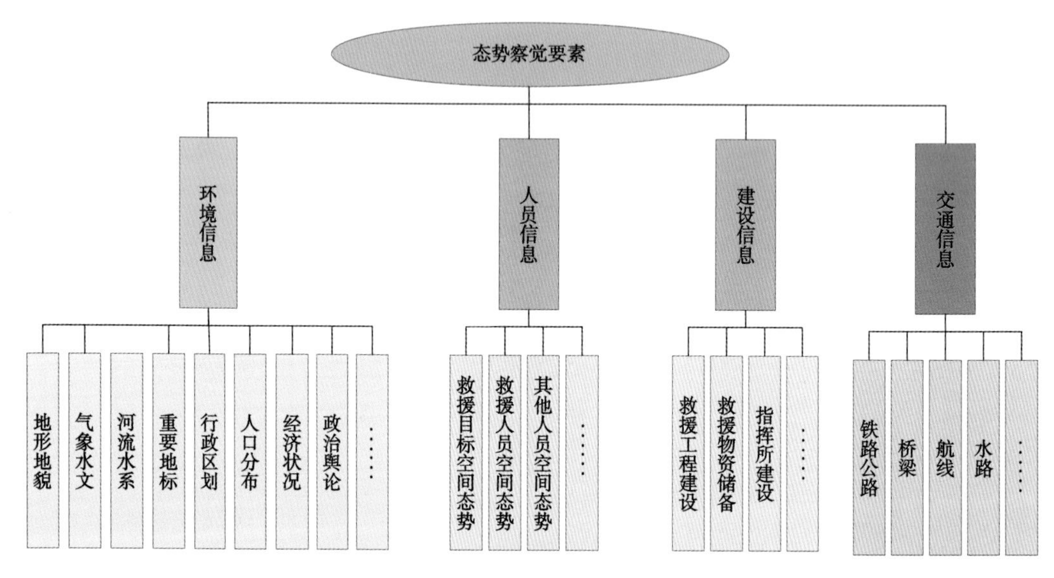

图 3-4　应急感知要素组成

应急现场态势数据纷繁复杂、异构、多元且增长快速，利用知识图谱在知识组织和高效利用上的优势，建立态势认知规范，构建态势认知体系，从海量的数据中迅速抽取所需知识。

知识图谱指一系列代表“实体”的节点和实体之间相互关系的边组成的一种数据结构。通过知识图谱建立应急现场各实体的关系，对于态势分析十分关键，利用边的关系，可以推测出实体之间可能的行动意图，以及群组关系。随着知识图谱节点关系的增加，关系网络变得更复杂、多样，能够帮助建立应急现场态势理解标签，从而生成态势知识标签。

定义应急态势知识图谱 $G=\{E, R\}$，E 表示实际应急的重要态势要素，实体集 R 表示重要态势要素实体之间的关系集。根据抢险救灾现场中救援相关部队、救援环境、目标设施和人员装备等关键态势要素信息，定义联合救援态势实体集：

$$E=\{E_{\text{unit}}, E_{\text{target}}, E_{\text{equip}}, E_{\text{env}}\} \tag{3-1}$$

式中，E_{unit} 为实际应急中的部队实体集；E_{target} 为目标设施实体集；E_{equip} 为应急中人员装备实体集；E_{env} 为应急救援环境实体集。定义实体关系集：

$$R = \{r_i,\ 0 < i < n,\ n \in \mathbf{R}^+\} \tag{3-2}$$

式中，r_i 表示不同实体之间的关系。

应急态势知识抽取方法过程描述见表 3-1。

表 3-1　应急态势知识抽取方法

输入：关系型数据 输出：应急初始态势知识图谱
1. 定义应急态势关键要素实体节点和关系类型 2. 根据应急任务从关系型数据库中导出不同作战任务下的关系表数据 3. 抽取关系表数据中的关键态势要素实体节点，并标注实体类型，保存实体类型数据 4. 抽取关系表数据中的关键态势要素实体关系，并标注关系类型，保存关系类型数据 5. 循环抽取的作战实体节点和相应关系，创建关键态势要素实体之间的语义关系链接，进行关键态势要素实体关联 6. 将最终态势实体关系表形成的应急态势知识输入软件可视化，便于指挥员直观理解

在实际应急现场将关系型数据中抽取到的关键态势要素实体信息及其关系知识导入系统，得到特定应急场景的初始态势知识的可视化描述。

3.1.2　应急环境智能态势理解内容

1. 认知数据处理

利用多种侦察技术和传感器组网进行全方位和立体感知，获取应急现场更加丰富的态势信息，形成大数据库，进而利用人工智能技术对信息进行融合，提取关键的应急信息来满足指挥人员决策需求，得到更快、更准和更全的应急态势认知（朱丰等，2018；张连伟等，2015）。随着认知技术的快速发展，利用认知技术在应急现场态势感知可以解决大数据信息过载问题，减轻指挥员的认知负担。认知系统可以在数据和人的交互中学习，在更好理解的前提下进行假设推理。因此，应急现场态势感知利用认知技术可以减少人的主观认识局限并提高对应急态势的认知理解。应急现场态势认知框架模型如图 3-5 所示。

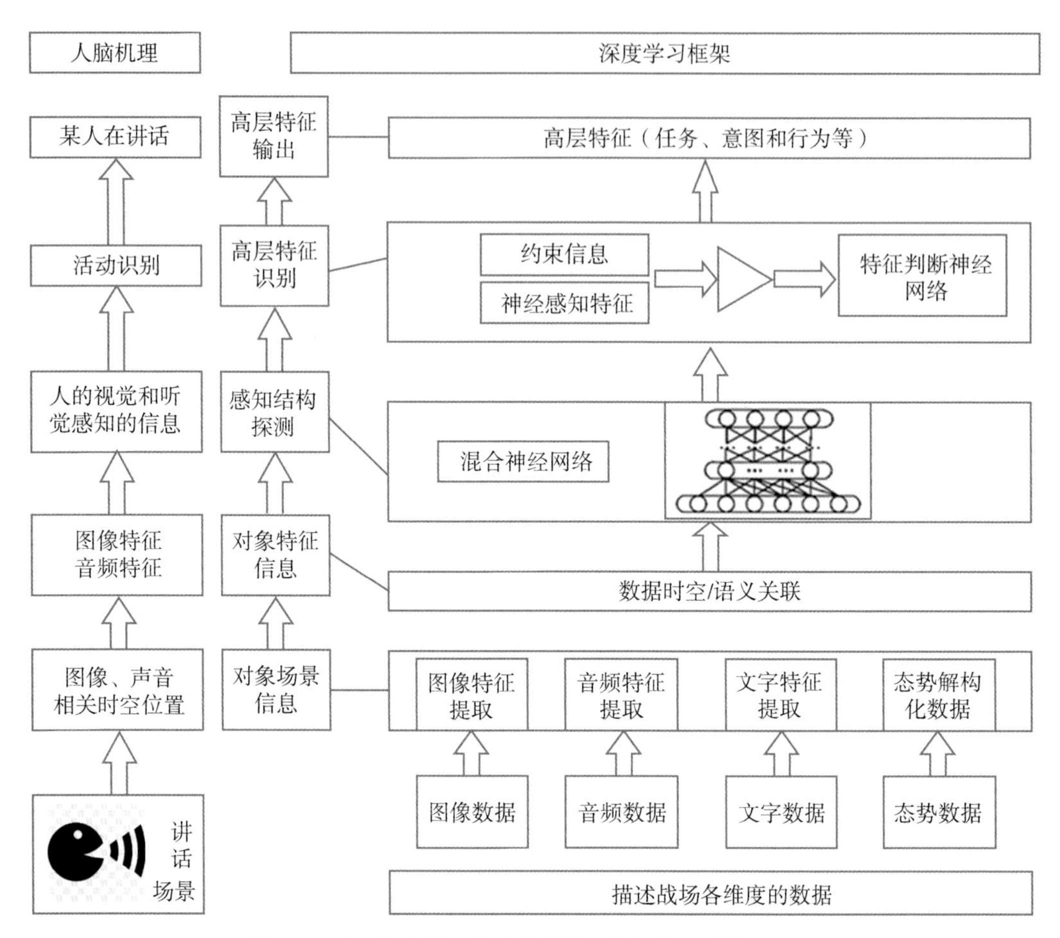

图 3-5　基于深度学习的应急态势理解框架（刘科，2021）

数据对认知系统非常重要，是建设认知系统的基础。认知系统通过挖掘大数据可以提高认知智能。认知系统包括结构化和非结构化数据，其中非结构化数据包括图像、音频、视频和文本等，没有特定格式和语义定义，利用深度学习、文本分析和自然语言处理等技术进行信息提取。应急态势数据处理包括数据提取与预处理、数据关联分析和数据稀疏问题处理 3 个步骤。

(1) 数据提取与预处理。第一种是文本数据，文本是普遍使用的数据，对原始文本数据进行文本标准化、词干提取、删除停止词、分词和拼写校正等预处理操作，形成模型构建和特征工程的正确输入数据。第二种是图像数据，图像主要来源于航天、航空和地面遥感，需要对原始数据集进行辐射定标、大气校正和几何校正等处理，再提取图像的光指数和纹理特征等信息。第三种是声音数据，声音数据包括音频和图像，其预处理主要包括降噪、场景分割、关键帧数提取和音轨/视频轨分离等，再进行语种识别，实现特征信息提取。

(2)数据关联分析。基于大数据背景，对应急现场的同类或异类来源数据进行关联，建立它们之间的对应关系，从而得到时空完整且相关的应急态势信息，为后续的应急态势预测提供支持。通过将来自不同来源的各种数据按照时空维度进行叠加和组合，完成多源数据的时空关联，将数据转化为具有时空一致性且满足数据挖掘需求的数据集合。

(3)数据稀疏问题处理。数据稀疏会严重影响战场态势的理解，因此需要提高小样本学习技术，如迁移学习(Pan et al.，2010)和贝叶斯程序学习(Lake et al.，2015)等。以迁移学习为例进行说明，迁移学习具有很好的泛化性，可以通过相关领域获得的先验知识辅助战场态势认知。

2. 基于深度学习的应急态势理解

大数据分析技术是以数据为中心，且直接受数据量大小的影响，通过数据分析可以更好地认识应急目标和事物。然而，认知技术是以人为中心，不仅依赖数据，还能突破数据的限制，利用深度学习技术来模拟人类的思维和理解能力，从而对数据信息进行挖掘和提取。

应急态势认知模型是基于时空关联的关键应急数据要素，用于支持应急态势的认知和预测。应急态势是指应急人员与应急环境进行交互的行为表现，对于应急态势的理解需要深入挖掘和分析其高层特征。深度学习模拟人脑对信息的认知机制，通过对应急态势信息进行规律分析和信息挖掘，将挖掘到的数据规律转化为应急态势的认知规律，并将其转化为可执行的智能认知模型，最终实现从数据到趋势、意图和行为等高层特征的映射。

应急态势理解的深度学习框架利用神经网络完成时空关联数据到神经感知特征的转换，对应急态势数据结合约束信息进行高层特征识别，将任务、意图、行为等特征提取问题转化为预测问题，实现深度学习在高层特征提取和应急态势理解方面的应用(图 3-6)。

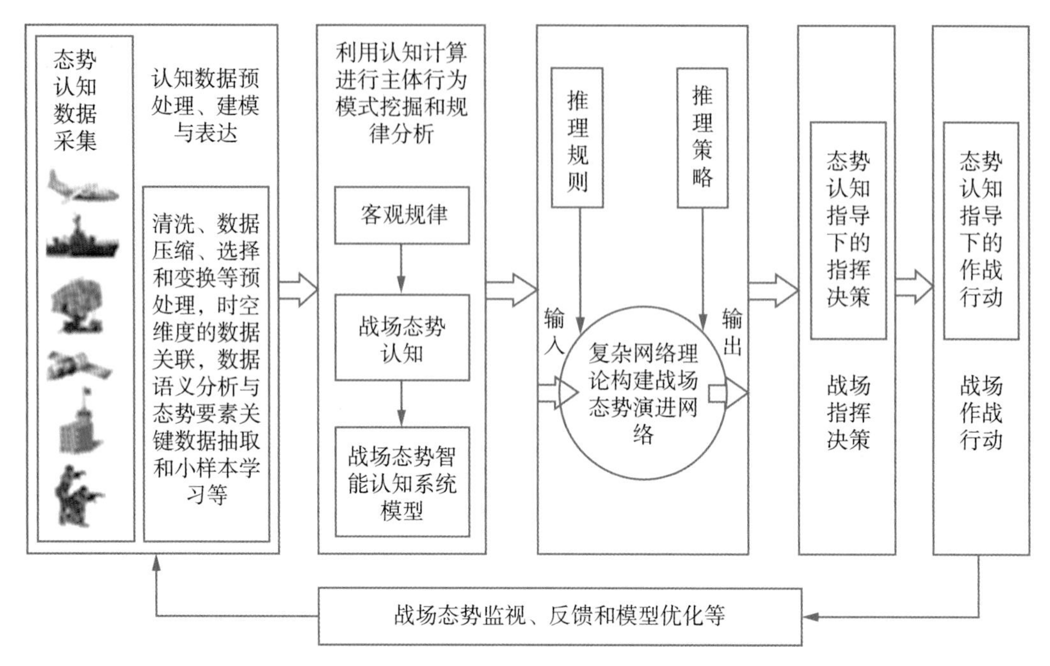

图 3-6　应急态势认知框架模型(刘科，2021)

3.1.3　应急环境智能决策技术

指挥决策框中的智能学习可采用强化学习等智能学习方式，在作战过程中，态势驱动产生决策，决策影响态势的发展，进而形成环状结构，同时契合深度学习模型的训练和使用。通过深度强化学习进行空间与动作的搜索，进而获取最优策略作为智能决策支持(唐博建，2021)。

1. 智能决策理论基础

蒙特卡罗强化学习(Monte Carlo reinforcement learning，MC)，指在位置状态转移概率时，直接从该状态下一直探索到结束再回溯计算所有状态价值，将每一个状态价值在不同序列中的平均值作为该状态的 $V(s)$。

时序差分强化学习(Temporal-Difference learning，TD)，指从不完整序列中，先估算出每一个序列下的状态平均值，再根据后续片段逐步更新。

完整的状态序列指某一个状态 s 开始，整体(agent)与环境交互得到奖励 r 与下

一个状态 s' 直到到达终止状态，我们使用某一个策略 π 下生成的序列值$(s_1, a_1, r_2, s_2, a_2, \cdots, s_t, a_t, r_{t+1})$，来评估策略的好坏。但是随着环境的复杂化，无论基于 MC 或是 TD 算法，很难在短时间内获取有效的序列值，因此针对复杂环境，基于离线学习的强化学习算法能够在开局冷启动问题上，提供思路。

2. 智能决策平行推演框架模型

智能指挥与控制系统分为实际世界维度和平行仿真世界维度(应急空间)(周献中，2012；孙宇祥等，2020)。指挥员在现实系统观测态势界面，实际系统与平行世界的仿真系统根据当前态势进行数据交换。指挥员首先根据应急态势选择知识库模型，模拟可能的应急方案，并判断当前应急任务需求。平行推演系统根据当前的态势信息，利用深度强化学习快速推演，生成基于多任务、多目标的应急方案。为确保指挥员的关键作用，采用人机融合的方案，系统能够获取指挥员的信息和判断，以弥补人工智能在实际应急中可能存在的错误。通过再次进入平行仿真世界进行应急态势评估与方案自推演，实现了虚拟维度与现实维度的互动反馈。通过对未来虚拟维度的推演，指导现实维度的应急方案选择。平行推演框架如图 3-7 所示。

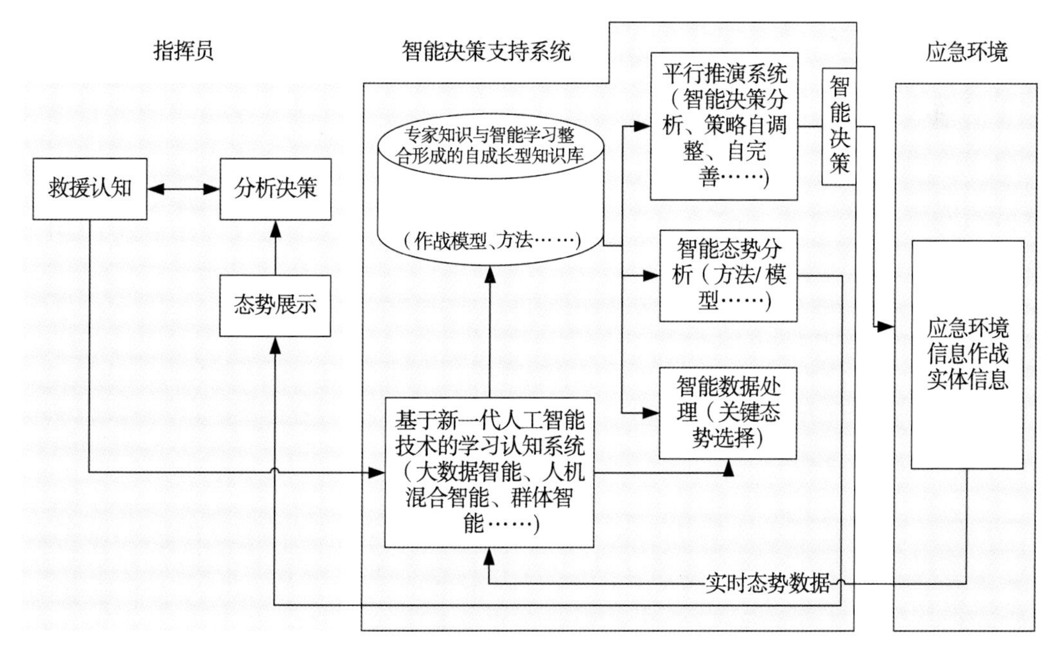

图 3-7　平行推演框架图

智能兵棋的研究与应用目标是为智能指挥与控制系统的推演子模块的发展提供可行路径(王小非，2010；张可等，2020；刘佳，2020；邓克波等，2016)，因此将兵棋作为平行推演的现实系统，设计框架如图 3-8 所示。

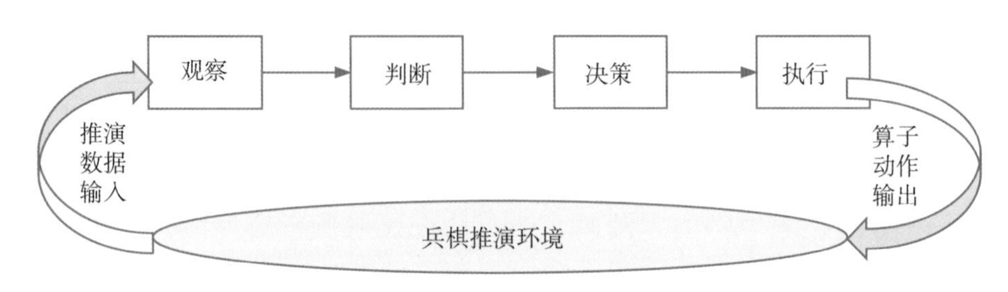

图 3-8　兵棋智能决策框架图

学习模块：学习模块是智能算法的核心部分，通过获取专家经验，经验池达既定容量后，再调用批量约束的深度 Q-学习算法(Batch-Constrained deep Q-Learning，BCQ)，学习到基础初始化策略，再根据该策略进一步更新算法能力。

推演环境模块：推演环境模块包含应急环境和 AI 模型的交互，以及定义整个推演环境的基本功能，功能包括判断成功条件、检查阶段数及读取推演情景等。存储应急相关的基本参数，参数包括救援得分、任务完成数、救援人员存活数及成功救援数等。整个环境生成救援和灾情对抗的环境，设定明确的阶段数，从而在阶段数内进行自我博弈。

分配模块：分配模块负责从推演环境模块收集每次步骤(step)所得到的样例数据，包括当前状态、回报值、行动及下一步状态，把收集到的数据以数组形式传入存储记忆模块。

存储记忆模块：存储记忆模块是一部分内存空间，设定内存空间的大小，把分配过来的数组数据依次传入并存储。当存储空间大于内存空间时，剔除之前数据，同时也不断提取分批大小(batchsize)的数据传入学习模块进行策略网络更新，从而降低损失(loss)函数。

决策支持输出模块：智能决策支持模块是实际指挥应急行动的核心，通过前面推演模块生成的智能决策方案作为行动指令，下达至应急现场。具体过程是结合当前环境状态 s，根据设计的算法训练好的智能决策方案，输出应急决策支持建议给指挥与控制的显示模块，直观给出智能决策方案。

根据平行推演的辅助决策架构，将兵棋推演技术与实际应急行动相结合，从而简化实现从态势数据输入态势分析，并实现智能决策方案的全流程模型建立，为形成端到端的基于数据驱动的智能决策支持技术。

3.2 智慧地球应急环境指挥保障内容

应急环境指挥受到众多因素的影响，需要全方位了解影响指挥的因素，并利用指挥控制技术辅助指挥人员快速作出有效的指挥。本节将从应急指挥时效性因素体系、应急指挥的原则内容和应急指挥控制智能化技术介绍智慧地球应急环境指挥保障内容。

3.2.1 应急指挥时效性因素体系

1. 态势智能认知要素

应急环境要素指应急情况的环境、人员、资源和时间等众多要素，不同应急阶段和目标对应的关键环境要素存在很大不同。根据认知阶段，以下对抢险救灾应急态势察觉、理解和预测关键阶段的环境要素体系进行说明。态势察觉是态势认知的初级阶段，察觉要素包括对灾情态势、救援资源、场地要素及事件和环境信息的感知，应急感知要素体系如图 3-9 所示。

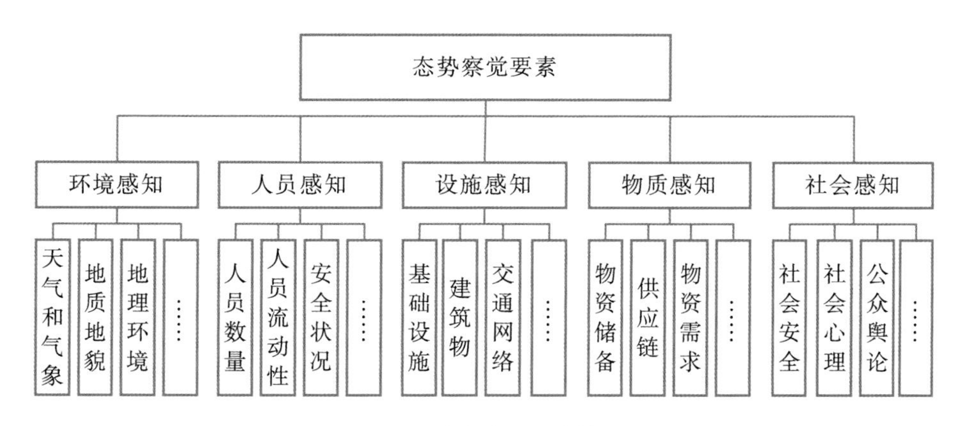

图 3-9　态势察觉要素体系

应急情况理解是应急管理的核心，即在应急情况感知的基础上，进行规律分析和经验判断等认知活动，实现从表象感知到本质理解的转变。应急情况理解主要包括灾情评估、救援需求估计、灾害影响分析、环境态势研判等要素，应急情况理解要素体系如图 3-10 所示。

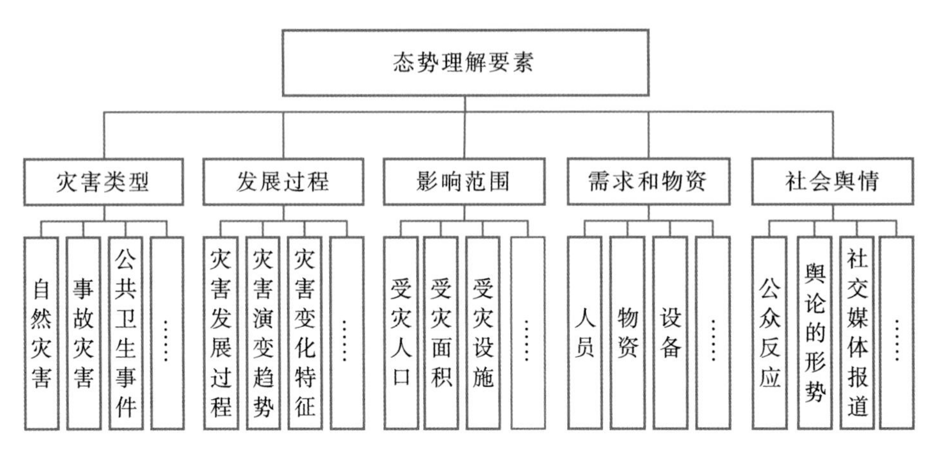

图 3-10　态势理解要素体系

应急情况预测是对抢险救灾活动未来一段时间内发展趋势的预判，包括资源调配预测、救援重点预测、情况演变趋势预测等。应急情况预测主要包括灾害威胁评估、情况演变预测、资源调配预测、救援重点预测等要素，应急情况预测要素体系如图 3-11 所示。

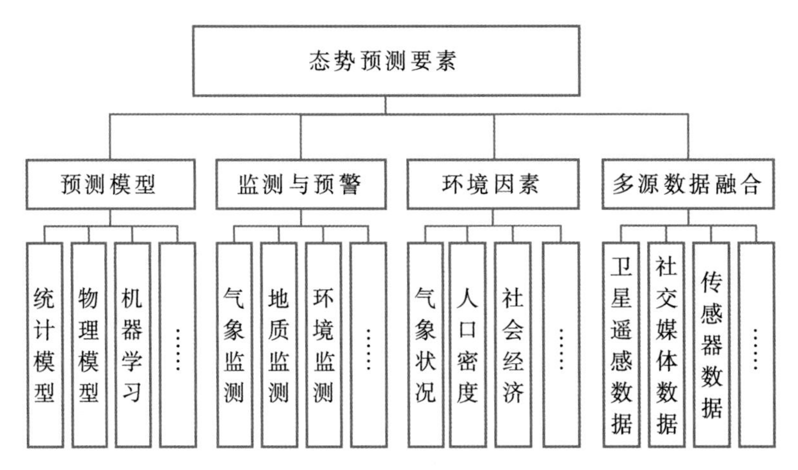

图 3-11　态势预测要素体系

2. 影响指挥控制时效性的因素分析

在抢险救灾应急情境中，现场环境中的各种因素都会对指挥控制造成影响，本节将从处理情况变化的时间压力和情况变化引入的不确定性进行分析(王贵喜，2018)。指挥控制的核心是实时精准掌握情况变化，但应急情境的态势是瞬息万变的，因此实时掌握情况变化并作出准确响应是非常困难的。根据这种特性，本节针对以下5个方面对指挥控制时限的影响因素进行详细描述(图3-12)。

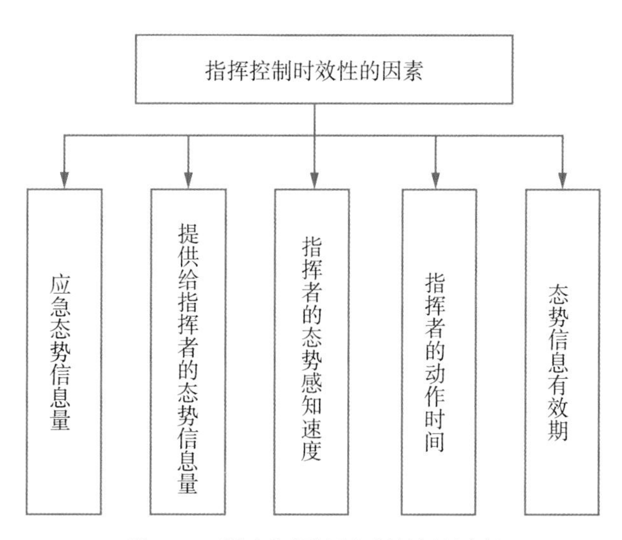

图3-12 影响指挥控制时效性的因素

(1)应急态势信息量指对目前应急情境完全描述所需的最小信息量。"完全描述"表示指挥员能够作出决策所需的最少应急态势信息量，并不是指完全掌握全局应急态势所需的信息量。真实的应急指挥中心，不同指挥员有不同的具体指挥控制任务，因此他们更加关注与其指挥任务相关的应急态势信息，并对该任务相关的态势信息量进行处理，以完成该任务的指挥控制。

(2)提供给指挥者的态势信息量指经过系统处理并以应急态势图形式呈现给指挥者的信息量。当前已进入信息化应急时代，应急态势信息具有快速变化的特点。针对不同的应急任务和阶段，指挥员所需的应急态势信息是变化的。然而，指挥系统处理和展示的态势信息可能存在滞后，无法满足指挥者实时掌握信息的需求。因为指挥系统通常展示尽可能多的全局应急态势信息，这可能导致指挥员面临信息过载的问题。

(3)指挥者的态势感知速度是指挥者单位时间内感知到的应急态势信息量。在不追求决策速度的条件下，指挥者通常能够准确感知应急态势，并作出正确的指挥决策。然而，不同指挥者准确感知应急态势信息所需的时间存在差异，导致他们需要作出决策的时间不同。态势感知速度与指挥员的经验和背景知识密切相关。指挥员拥有的背景知识越多，指挥经验越丰富，其应急态势感知速度越快，完成正确决策所需的时间越短。

(4)指挥者的行动时间指从完成态势感知到作出决策并执行决策所需的时间。指挥者的行动时间长短与应急响应能力和任务性质密切相关。具备较快反应能力的团队在执行相同的应急任务时所需时间较短。

(5)态势信息的有效期指态势信息从产生到失效的时间。由于应急态势信息具有快速变化的特点，所有应急态势信息在一定时间段内有效，超过有效期限则变得无用。因此，这种特点要求指挥人员实时掌握应急。

3.2.2 应急指挥的原则内容

抢险救灾应急的原则是指导组织实施抢险救灾行动的一般规律，是根据抢险救灾经验和需求总结得出的科学原则。在应急救援领域，不同的原则可能存在一定的差异，但也有许多相似之处。目前，抢险救灾应急行动的原则可以概括为响应迅速、协同配合和高效执行。通过对不同阶段的抢险救灾原则进行对比分析，可以总结出具有共性和稳定性的应急原则(图 3-13)，其中包括任务明确、强调协同、集中资源、积极主动、灵活应变和全面保障。以下将对这些原则进行详细阐述。

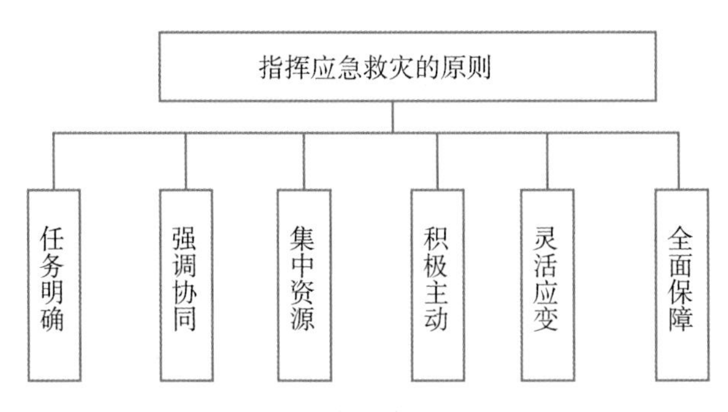

图 3-13　指挥作战的原则

1. 任务明确

任务明确是指在抢险救灾应急行动中，明确具体的任务目标和行动计划，确保各救援人员清楚任务职责和行动方向，有针对性地进行救援行动。在应急救援中，任务明确的重要性不言而喻。明确的任务目标可以帮助指挥员和救援人员在应急情况下迅速定位行动重点，确保救援行动有针对性、效率高。以下说明任务明确的一些关键要素。①目标明确：明确确定抢险救灾的具体目标，例如人员救援、灾害处置、生命安全保障等，确保各救援人员知道自己的任务职责，明确救援的重点和优先级。行动计划：根据救援目标制定详细的行动计划，包括行动步骤、资源配置、时间安排等，确保救援行动有序进行。②分工合作：明确各救援人员的具体任务和职责，进行分工合作，确保各部门和救援队伍之间的协调配合，充分发挥各方的优势和专长。③信息共享：确保各级指挥中心和救援人员之间及时准确地共享信息，包括灾情信息、资源情况、行动计划等，以便大家在同一目标下进行协同行动。④监控评估：对救援行动进行实时监控和评估，根据实际情况及时调整任务目标和行动计划，确保救援行动的灵活性和针对性。通过明确任务，抢险救灾应急行动能够更加有序和高效地进行，提高救援效果和生命安全保障的能力。

2. 强调协同

强调协同是指在抢险救灾应急行动中，各相关单位和救援人员之间积极合作、互相支持，形成高效的协同作战体系，以达到最佳的救援效果。在应急救援中，灾情复杂多变，需要多个部门和救援队伍共同参与，并协同行动。以下说明强调协同的一些关键要素。①指挥统一：确立统一的指挥体系，由一位指挥员或指挥团队负责协调指挥各个部门和救援队伍的行动，确保指挥决策的一致性和协同性。②信息共享：建立信息共享机制，各单位和救援人员之间及时共享灾情信息、资源情况、行动计划等重要信息，以便各方能够根据共享信息作出协同行动的决策。③联合行动：不同单位和救援队伍之间进行联合行动，通过协同配合，充分发挥各方的专业优势，形成整体的合力。例如，警察、消防队、医疗队、工程队等可以相互支持、相互配合，共同完成抢险救援任务。④通信协调：建立有效的通信系统，确保各单位和救援人员之间能够快速、准确地进行沟通和协调，解决问题、调配资源，实现实时的指挥和控制。⑤救援演练：定期进行跨部门、跨队伍的救援演练，提升各单位和救援人员的协同能力和应急反应能力，磨合协同机制，增强团队的战斗力和应对能力。强调协同可以提高抢险救灾应急行动的响应速度和效率，减少资源浪费，最大程度地保护人民生命财产安全。通过各方的协同努力，可以取得更好的救援成果，并提高整体的抢险救灾应急能力。

3. 集中资源

集中资源是指在抢险救灾应急行动中，将各种必要的资源集中到一起，有效配置和管理，以最大限度地支持救援行动和提供紧急援助。在应急救援中，资源的集中调配和管理是至关重要的，可以提高救援行动的效率和效果。以下说明集中资源的一些关键要素。①资源调查与登记：对各类抢险救灾相关资源进行全面调查和登记，包括人力资源、物资资源、技术装备、交通运输工具等；了解资源的种类、数量、地理位置等信息，为后续的集中调配做准备。②资源整合与协调：根据救援任务的需要，对所需资源进行整合和协调，确保资源的合理配置和最优利用；各部门和救援队伍之间要加强沟通与协作，共享资源、避免重复投入，形成资源整体效应。③指挥调度与优先级：在资源有限的情况下，通过指挥调度和设定优先级，将资源分配给最紧急和最需要的地区或任务，确保关键资源优先用于抢救生命和保障基本生活需求。④多元化资源：充分利用社会各界的力量和资源，如政府部门、民间组织、企事业单位、志愿者等，形成资源的多元化供给，提高救援行动的覆盖面和响应能力。⑤资源管理与监控：建立资源管理机制，包括资源登记、储备、调配和更新等环节的规范管理。同时，通过有效的监控和评估机制，及时了解资源使用情况和需求变化，及时调整资源配置策略。集中资源可以最大限度地发挥各类资源的作用，提高抢险救灾应急行动的效率和效果。通过合理的资源调配和管理，确保救援行动的顺利进行，最大限度地减少损失并保护人民的生命和财产安全。

4. 积极主动

在抢险救灾应急中，积极主动是一项重要原则，它要求在灾害发生或紧急情况出现时，立即采取主动行动，迅速作出反应，以最大限度地减少灾害的影响并提供急需的援助。以下说明积极主动的几个关键方面。①预防措施与准备工作：提前制定应急预案，并根据不同类型的灾害或紧急情况做好相应的预防措施和准备工作。这包括提前培训救援人员、购置必要的救援装备和物资、修复和维护关键基础设施等。②及时响应与快速行动：一旦灾害或紧急情况发生，迅速启动应急响应机制，立即行动。这包括组织救援队伍、调动资源、展开救援行动等。积极主动的态度可以节省宝贵的时间，增加救援成功的可能性。③主动获取信息与情报：积极主动地获取和收集有关灾情、受灾区域和受灾人员的信息和情报。这可以通过各种渠道，如灾情报告、现场勘查、通信设备、社会媒体等来实现。及时准确的信息对于作出正确的决策和有效的救援行动至关重要。④主动协调与合作：在抢险救灾应急中，各部门、组织和救援队伍之间要积极主动地协调与合作。这包括信息共享、资源协调、任务分工等方面。通过良好的协作与合作，可以实现资源的最优利用和行动的高效性。⑤不断改进与总结经验：积极主动地进行救援行动的改进与总结，通过总结经验教训，及时调整和改进应急预案、救援策略和应对措施。这有助于提高抢险救灾的响应能力和效率，以应对未来可能出现的紧急情况。通过积极主动的态度和行动，可以更好地应对抢险救灾应急情况，保护人民的生命安全和财产，减轻灾害带来的影响。

5. 灵活应变

在抢险救灾应急中，灵活应变是一项关键原则，它要求在不断变化的紧急情况下，能够灵活调整和适应应急措施，以应对新的挑战和需求。以下说明灵活应变的几个关键方面。①快速评估与调整：及时对灾情或紧急情况进行评估，并根据评估结果灵活地调整应急计划和措施。在紧急情况发生后，情况可能会不断变化，需要根据最新的信息和现场情况作出灵活调整，确保救援行动的准确性和有效性。②多样化应对手段：准备多样化的救援工具、装备和应急物资，以应对不同类型和规模的灾害。灵活应变意味着能够根据不同情况选择合适的工具和方法进行救援，例如使用不同型号的救援车辆、船只、设备等。③弹性资源调配：根据灾情和需求，实施弹性的资源调配和重新分配。这包括调动附近地区的救援队伍、调配临时救援设施、调配医疗人员和物资等。灵活应变需要在资源紧张的情况下，合理分配和利用有限的资源。④协同合作与信息共享：与其他救援机构、政府部门和志愿者团体建立紧密的合作关系，共享信息和资源。在灾害应急中，灵活应变需要通过协同合作来实现，通过信息共享和资源协调，提高救援行动的整体效能。⑤实时监测和调整策略：持续监测灾情发展和救援行动的效果，并及时调整应急策略和行动计划。灵活应变需要根据实时的情报和数据，及时作出决策和调整，以保持对紧急情况的灵敏度和响应能力。通过灵活应变的原则，抢险救灾应急工作能够更好地应对突发情况，迅速适应变化，提高救援效率和成功率，最大限度地保护人民生命和财产安全。

6. 全面保障

在抢险救灾应急中，全面保障是一项重要的原则，它强调在应急行动中要全面考虑和保障各方面的需求和利益，确保灾区受灾人员的生命安全和基本生活需求得到全面满足。以下说明全面保障的几个关键方面。①人员安全保障：确保救援人员和受灾人员的人身安全。这包括提供必要的安全装备和培训，确保救援人员在执行任务时的安全，同时采取措施保障受灾人员在救援过程中的安全和保护。②生活物资保障：提供充足的生活物资，包括食品、水、医疗用品、床铺等，以满足受灾人员的基本需求。在紧急情况下，组织和协调物资的调运和分发，确保物资及时到达和合理分配。③医疗救护保障：提供紧急医疗救护服务，包括设立临时医疗点、派遣医疗队伍、调配药品和医疗设备等，以应对受灾人员的伤病情况。确保受灾人员在救援过程中得到及时有效的医疗救护。④交通和通信保障：保障交通和通信畅通，确保救援人员能够迅速到达灾区，同时提供通信设备和网络支持，以保障救援行动的信息流畅和协调性。⑤心理支持保障：提供心理援助和支持，关注受灾人员的心理健康，为其提供心理咨询、疏导和康复服务，帮助他们度过灾后心理困难。⑥重建和恢复保障：在救援行动后，全面考虑受灾地区的重建和恢复工作，为受灾人员提供长期的支持和帮助，帮助他们重建家园和恢复正常生活。通过全面保障的原则，抢险救灾应急工作能够全方位地关注和满足受灾人员的需求，确保他们的安全和生活得到全面的保障和支持，促进受灾地区的快速恢复和重建。

3.2.3 应急指挥控制智能化技术

抢险救灾应急场景中指挥与控制的核心业务智能化技术包括信息获取、态势判断、决策制定、指令下达、行动规划、行动控制和网络联通等，为了更准确、更精细和更快速地建立信息、认知、决策和行动优势。针对更好地开展指挥与控制智能化技术理论研究和实践探索的目的，技术体系研究主要包括态势感知、筹划决策、行动控制和网络通信智能化技术等(图 3-14)。通过相关人工智能技术，实现智能通信网络支持，提高态势认知、决策筹划的效率和准确度，以及行动主体的智能化、自主化程度，使资源、救援力量、信息力量和应急任务密切融合在一起，形成高效精确的感知、判断、决策、控制和评估闭环(杜国红等，2018)。

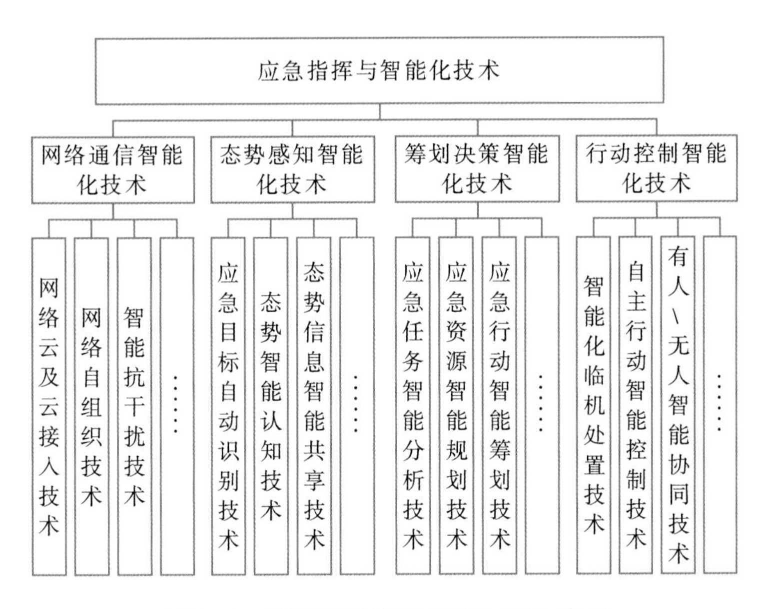

图 3-14　应急指挥与控制智能化技术结构图

1. 应急网络通信智能化技术

抢险救灾应急场景中，网络通信智能化技术主要包括通信网络组、网络资源规划、网络策略管理和抗干扰智能化技术等。为通信网络系统的智能化建设、频域资源的自动分配、网络负载和流量的智能优化调整、网络状态的自动监控、智能抗干扰通信等提供技术支持。

网络通信的智能化技术是支撑信息获取优势的关键，信息获取的实时性和准确性将直接影响对抢险救灾形势和大局的判断和预测。抢险救灾任务的复杂性、紧急性和特殊性决定了网络通信必须具有随机访问能力、自动组网能力、稳定可靠的互联能力和加密安全通信能力，以更好地满足未来抢险救灾任务的需要。针对上述需求，智能网络通信技术主要包括网络云及云接入技术、网络自组织技术、智能网络资源规划技术、智能网络策略管理技术和智能抗干扰技术。其中，网络云技术是智能通信网络建设的关键，即充分利用云计算技术、通用基础设施、各类指挥通信车辆、存储设备、传感器等共同组成一个网络，形成一个综合的信息网络。云接入技术主要解决各类设备的网络接入问题，可以支持抢险救灾数字无线电、抢险救灾移动电话、各种终端等不同设备的网络灵活接入。网络自组织技术主要解决网络接入后的通信组织问题。根据任务组织和区域划分，自动将与任务相关的抢险救灾单位、信息系统和通信设备组织成分组网络，建立各单位与设备之间的通信关系，并根据外部环境的变化进行灵活的重组。智能网络资源规划技术主要解决频域、码域等资源的自动分配。它可以根据划定的资源范围和编码协议、任务的分工和重要性，自动为每个单位分配相应的资源，避免资源利用冲突，并进行动态调整。网络策略智能管理技术可以支持对通信网络流量特征、网络负载变化、网络安全状态的检测和学习，根据网络条件的变化自适应调整网络行为，智能优化负载和管理安全漏洞，提高网络决策质量和网络管理能力。智能抗干扰技术是基于对电磁干扰环境的实时认知，智能抗干扰通信系统参数优化配置，采取最佳的抗干扰手段，使通信系统更加灵活，更能适应电磁环境的变化，鲁棒性更强。

2. 应急态势感知智能化技术

态势感知智能技术主要涉及灾情信息采集、情报处理、态势认知、态势信息分发与共享等智能技术，为抢险救灾目标自动识别、灾情信息自动处理、抢险救灾态势自主识别、态势信息按需推荐与分发等提供技术支持。

态势感知智能技术是支持抢险救灾应急认知优势获取的关键。它基于对信息的自动、快速采集和处理，智能分析当前灾情态势，如灾区资源分布、灾害类型、受灾程度、应急行动意图、救援目标、救援资源与需求的匹配等，准确识别灾情发展趋势，预测灾害可能采取的行动、行动的预期结果和未来灾情态势的变化。主要涉及以下技术：一是抢险救灾目标自动识别技术，通过建立基于传感器、遥感、图像处理等的目标特征模式数据，支持灾区中各类重要目标的快速自动识别。二是情报信息智能处理技术。针对抢险救灾应急中多源异构的情报信息，利用本体建模、深度学习、大数据处理等智能技术，重点研究图像情报的智能解读、文本语义的智能理解、目标的智能关联处理等，提高信息分析处理能力，加快从数据到决策的步伐，提高信息处理的效率和智能化。三是态势智能认知技术，主要研究抢险救灾体系结构建模、系统重点区域/脆弱环节挖掘、救援系统能力综合评价、灾情发展规律挖掘、非合作目标行动预测、灾害环境建模与影响预测、灾情态势分析与预测等。提高态势智能认知水平，满足复杂抢险救灾决策的需要。四是态势信息智能共享技术。围绕态势信息按需定制和信息智能共享与分发，研究并解决基于用户行为特征的信息需求挖掘、用户关键信息需求自适应生成、态势信息按需匹配和信息智能推荐等问题，以提高态势服务的准确性和效率。

3. 应急决策筹划智能化技术

规划决策智能技术主要涉及任务分析、资源规划、行动规划、计划生成等应急管理相关的智能技术。为实现任务和目标清单的自动生成、资源的智能计算和自动配置、行动计划的智能规划和优化、应急计划的自动生成和调整、应急指令的自动生成提供技术支持。

智能决策规划技术是支持抢险救灾应急决策优势获取的关键。运用知识工程、信息智能检索、并行仿真等技术，根据指挥员意图，快速进行任务分析与规划、决策规划、行动计划验证优化与动态调整、行动智能规划，创造性拓展指挥员指挥决策艺术。实现决策的快速性和准确性，提高抢险救灾决策的质量和效率。主要涉及以下技术：一是抢险救灾任务智能分析技术，主要集中于抢险救灾任务建模、抢险救灾任务分解和目标提取。针对救援目标，解决目标值评估、目标相关因子分析、目标影响预测等问题，支持快速生成任务列表、目标列表、救援策略。二是抢险救灾资源智能规划技术，主要涉及基于抢险救灾任务的救援队伍、物资、信息资源、保障资源和资源在时空频域的需求计算和任务分配。此外，为了提高力量编组的智能化水平，主要研究了力量编组的标准、基于任务或能力的匹配模型以及力量编组方案的优化技术。三是抢险救灾行动智能规划技术，主要面向抢险救灾资源的优化利用，重点研究队伍布局分析与优化、多平台协同规划、侦察行动规划、信息对抗行动规划、联合行动规划、综合行动规划、综合保障行动规划等技术。同时，采用并行扣除法和预测扣除法对救援计划进行自动验证，提高救援计划的准确性和有效性。四是抢险救灾方案的智能生成技术。围绕救援计划的协同起草与生成，基于救援计划的关键要素、起草过程和主要控制点，研究了关键要素的提取、组织和过程控制技术，构建了救援计划的智能生成过程模型，支持救援计划的智能快速生成。

4. 应急行动控制智能化技术

动作控制智能技术主要涉及抢险救灾应急情况处理智能技术、自主动作控制智能技术、有人/无人协同智能技术等。为实现即兴调整救援计划和突发事件高效处置、无人平台自动控制、有人/无人平台智能协同等提供技术支持。

动作控制智能化技术是获得抢险救灾应急优势的关键。在未来的抢险救灾行动中，多类型无人系统与无人装备之间高度自组织的协同行动，以及有人系统与无人系统之间相互信任的协同行动，将成为实现行动优势的主要方式，主要涉及以下技术：一是智能即兴技术，针对应急情况快速变化的要求，研究了行动过程的偏移分析、关联要素的定位、计划的快速关联、任务的实时预览等技术，以支持救援计划的现场调整和突发事件的高效处理。二是自主动作的智能控制技术。围绕无人平台任务控制与自主控制的无缝对接，研究自主控制系统结构、无人平台复杂环境认知与学习、实时规划/重规划与监督控制、人机集成控制等关键技术，以满足无人平台“一对多”控制需求。提高无人救援系统的适用性和整体行动效能。三是载人与无人平台智能协同技术。围绕载人与无人平台协同行动，研究了载人平台主导下的载人与无人平台协同控制方法，重点在开放实时协同架构、载人与无人平台优化、编队与编队控制、载人与无人协同任务分配等技术方面取得突破。针对无人集群自主协作，重点研究交互控制、交互决策、群体推理等，为无人平台融入救援系统提供技术支持。

3.3 智慧地球应急环境机动保障内容

适时而灵活地实施机动，是成功应对抢险救灾行动、取得应急胜利的极为重要的条件。根据应急环境机动评估指标体系，选择合适的评估方法，构建评估模型，确定最优的机动规划。本节将从应急环境机动指标体系、机动需求的评估内容和机动评估模型介绍应急环境机动保障的内容。

3.3.1 应急环境机动评估指标体系

抢险救灾应急行动的机动效果评价是从时间、空间、机动救援人员数量、救援装备等方面对机动效果进行评价。目的是掌握救援行动的机动态势，为下一步行动提供参考，为指挥官的决策提供依据。

在实际抢险救灾应急行动中，应急机动在非常有限的时间内进行，受救援区域的限制很大，通常是在灾害威胁和预防下进行的。由于灾害条件的复杂性和机动任务要求的多样性，很难掌握机动效果综合评价的尺度。但最基本的评价标准是判断救援人员能否及时到达现场，能否迅速投入救援行动。机动时效性、机动到位率、机动隐蔽性和救援能力保留性是评价应急机动效能的最基本要素。因此，我们选择上述要素作为应急机动效果评价的主要内容。

在应急机动效果评价中，首先要建立多层次的评价指标体系，如图 3-15 所示。该系统涵盖了实现应急机动效果评价目的所需的主要内容，以准确反映所有应急信息。同时，为了顺利进行评价，评价指标应尽可能细化，指标体系设置层次分明，避免结构庞大复杂，从而缩短评价周期。应急机动效果评价的主要内容，作为第一级指标，通常包括机动时效性、机动到达率、机动隐蔽性和救援能力保留性四个方面。第一级指标可根据需要进一步细化为第二级指标。例如，机动性和隐蔽性可细分为快速响应能力、避免灾情扩大、有效利用通信技术等指标。第二级指标也可以进一步细化为第三级指标，直到指标相对清晰或容易。

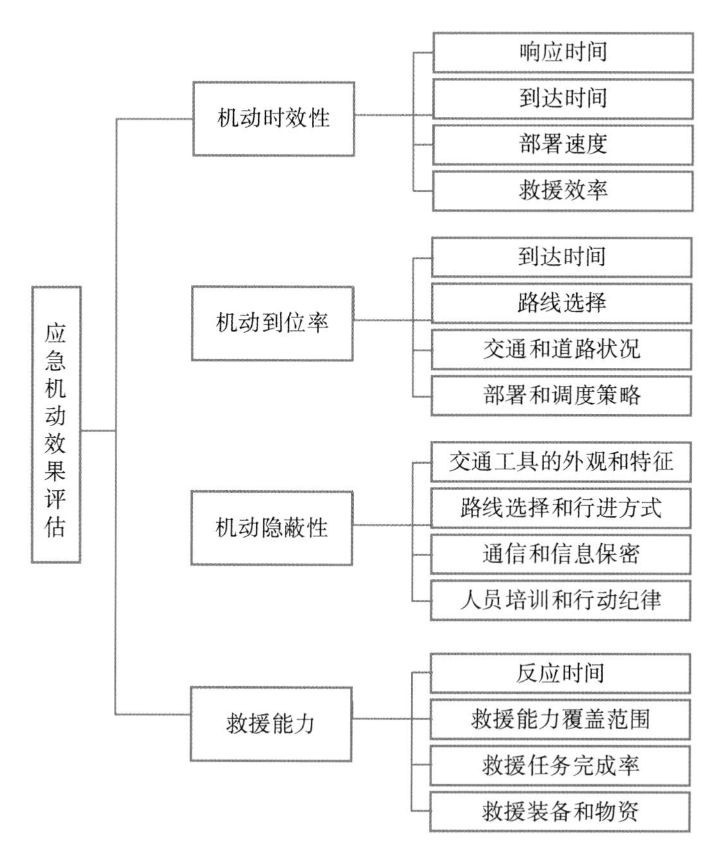

图 3-15　应急机动效果评估指标体系

3.3.2 应急环境机动评估内容

评价人员要深入了解指挥员的抢险救灾意图，全面了解救援计划，将指挥员的预期效果转化为衡量任务完成情况的成功标准，从而对行动进行评价。根据所建立的评价指标体系，从机动时效性、机动到达率、机动隐蔽性和救援能力维持程度四个方面对应急机动效能进行评价，最终得出综合评价结果。

1. 时效性评估

应急抢险救灾的时效性是指救援行动的效果与时间有关，存在一定的时间限制，与救援到达的时间密切相关。在实际应急抢险救灾中，时间越短，越有利于迅速救援，特别是在信息化条件下。时效性评价是应急抢险救灾效果评价的重要组成部分。它可以在救援行动中进行，也可以在救援到达后进行。主要是通过比较救援力量到达每个调整点或目的地的时间与规定到达时间，分析救援行动的进度，进行必要的调整操作，以确保救援力量能够顺利到达指定区域(李策等，2004)。

2. 到位率评估

机动到达率是指应急抢险救灾行动中，救援力量向调整点或目的地移动时，实际到达的人员、物资、装备和车辆数量占救援力量出发数量的比例，反映救援力量完成机动任务后的应急能力。评价机动到达率的方法主要采用分类统计的方式，对人员、物资、装备和车辆分别进行统计。根据各项统计结果的权重，计算出实际到位数量在出发数量中的比例，以评估救援力量的机动到达情况。

应急抢险救灾行动中的到位率评估是指评估救援力量在紧急情况下及时到达指定地点的能力。这一评估旨在确保救援力量能够迅速响应、快速行动，并在关键时刻到达事发地点，以提供急需的救援和支持。到位率评估通常考查以下方面：救援力量的出动时间、行动路线的选择与规划、交通工具和交通路况对到位时间的影响、通信与信息传递的有效性、协调与合作的程度等。评估的方法可以包括现场观察、时间记录、数据分析等，以确定救援力量的实际到位时间和计划到位时间之间的差距，并分析导致延迟或提前到位的原因。通过到位率评估，可以及时发现救援行动中的延误因素和问题，提出改进和优化的建议，以提高救援力量的响应速度和到达效率。确保在紧急情况下能够迅速、准确地到达事发地点，以最大程度地挽救生命、减轻灾害影响，并保障抢险救援行动成功和有效性。

3. 机动隐蔽性

应急抢险救灾行动中的机动隐蔽性是指救援力量在行动中采取的措施，以保持行动的隐蔽性和安全性，防止干扰或遭受不必要的威胁。机动隐蔽性评估旨在评估救援力量在行动过程中的隐蔽程度和安全防护措施的有效性。评估机动隐蔽性时，需要考查救援力量的行动计划和执行过程中所采取的隐蔽措施。评估可以通过现场观察、数据分析和风险评估等方式进行。评估内容包括但不限于以下方面：行动计划的保密性和合理性、行动路线的选择和变换、通信与信息传递的安全性、交通工具和装备的伪装与隐蔽、人员行为的谨慎性和低调性等。通过对机动隐蔽性的评估，可以发现存在的安全隐患和不足之处，提供改进和加强措施的建议，确保救援力量在应急抢险救灾行动中能够有效地保持隐蔽性，减少被识别、干扰或攻击的风险。这有助于提高救援行动的安全性和成功执行任务的能力。

4. 战斗力保持程度评估

应急抢险救灾行动中，战斗力保持程度评估是对救援力量在应急行动中的作战能力和执行任务的维持情况进行评估。该评估旨在确保救援力量在应急行动过程中能够持续保持高效的工作状态，以有效执行救援任务。评估战斗力保持程度时，需要考查救援力量的工作效率、资源利用情况、装备状态和人员疲劳程度等因素。评估可以通过定期检查、现场观察、数据统计和成果评估等方式进行。评估内容包括但不限于以下方面：救援力量的响应速度、任务执行能力、人员配备情况、装备维护保养情况、应急资源的合理利用、指挥协调效果、安全风险管理等。通过对战斗力保持程度的评估，可以及时发现问题和短板，提供改进和优化的方向，确保救援力量在应急抢险救灾行动中保持高度的战斗力和执行能力。

5. 机动效果综合评估

评估人员应及时对应急机动效果评估结果进行综合判断，以获得应急机动效果的总体评估。根据机动时效性、机动到达率、机动隐蔽性和战斗力保持度的评估结果，采用了线性加权的综合评估方法(Clinton et al., 2008)。

应急抢险救灾行动中的机动效果综合评估是对救援力量在紧急情况下进行机动行动后所取得的效果进行全面评估的过程。它旨在评估救援力量的机动能力和行动成效，以确定其对应急抢险救灾任务的支持程度和质量。机动效果综合评估可以考查以下方面：救援力量的机动速度、机动路径的选择与合理性、行动的协调性与配合性、救援资源的利用效率、救援行动的覆盖范围与有效性等。评估的方法可以包括实地观察、数据收集、干预实验等，通过对救援力量机动行动过程中的各项指标和效果进行定量或定性分析，综合评估其机动效果的优劣。通过机动效果综合评估，可以发现救援行动中的潜在问题和改进空间，为提高救援力量的机动能力和行动效果提供参考和指导。同时，评估结果也可为应急抢险救灾行动的决策制定、资源配置和行动策略提供依据，以确保救援力量能够在紧急情况下快速、高效地展开行动，最大限度地减轻灾害影响，保障人民群众的生命安全和财产安全。

6. 应急机动效果评估结果分析

在应急抢险救灾应急相关的场景中，评价人员在对机动效果进行评估后，还应进行综合分析并得出结论，形成评价报告。同时，评估员根据评估结果向指挥员提出下一步应急行动的合理建议。在机动时效性评价结果中，设 $t=t_{sj}-t_{jh}$，$t_{sj}>t_{jh}$ 表示部队未在规定时间内到达指定区域，t 为超过规定时间的时间；$t_{sj}<t_{jh}$ 表示救援队能在规定时间内到达指定地区，t 为提前到达时间。指挥员和指挥机关根据评估结果，不断预测救援队机动进展情况，及时作出正确判断，指挥协调救援队机动行动，确保救援队按时通过调整点，按计划顺利到达预定区域。实际机动到达率的实际机动率不能低于 70%，否则即使调整后也难以完成下一个应急任务。当机动时效性评价结果较低时，到达预定区域的应急救援队无法再完成既定任务时，指挥员应果断改变任务，组织预备队或其他救援队接替其任务。保持战斗效能等级的程度应大于 80%，即可立即开始救援行动，否则必须在开始行动前调整部署和准备。当然，应急救援力量的到达率和保持战斗力的程度与应急行动中遭受的灾害影响和困难程度直接相关。在分析评价结果时，要综合考虑实际灾情和救援行动的现场条件。机动隐蔽性评价结果反映了应急救援队的机动行动被察觉的概率。得分越高，救援队在机动过程中暴露的可能性越小，有利于减少救援行动中遭受的灾害影响和敌人攻击的风险，实现救援行动的突然性。从应急行动的要求来看，在评价中，各项指标应根据实际灾情和指挥员的救援意图，明确完成任务的最低要求。机动时效性一般达到 100%，实际机动到达率一般不小于 70%，战斗力保留程度一般大于 80%，机动隐蔽性评价结果一般不小于 60%。

应急抢险救灾应急场景下，评价员应及时将综合评价结果反馈给指挥员和指挥机关，并结合实际灾情向指挥员提出合理建议，使评价结果真正发挥作用，为救援行动提供有力支持，成为指挥员和指挥机关在应急机动中或机动后决定下一步行动的重要依据。

3.3.3 应急环境机动评估模型

根据应急抢险救灾应急场景的评估需求，根据评估指标体系，选择适当的评估方法，构建评估模型。应急环境机动评估的模型可以包括气象模型、水文模型、空气质量模型、地质地球物理模型、GIS 模型和数据挖掘/机器学习模型等。在这里，我们选择贝叶斯网络作为评估方法，并构建相应的贝叶斯网络评估模型。根据评估模型的要求，选择适当的算法进行评估，并给出评估结果。在本章中，我们选用 Netica 仿真软件对贝叶斯网络模型进行推理和验证，以得出准确的评估结果。

1. 贝叶斯网络相关理论

建立网络评价模型。贝叶斯网络是一种概率图模型，是一种基于概率推理的网络图。它由节点、有向弧和条件概率分布组成，具有很强的知识表示能力和概率推理能力。贝叶斯网络是一种利用概率论和图论对不确定事件进行分析和推理的工具。它包括表示、建模和推理。

用贝叶斯网络表示一组变量之间的有向图 $S=<V, A, P>$。V 表示所有 n 个节点中每个取值节点对应的随机变量。随机变量的值用 P 表示，节点之间的有向线段表示节点之间的关系，主要用条件概率来表示关系的强弱。如果没有父节点，则可以使用先验概率来表示相关信息。

利用贝叶斯公式和条件概率，可表示联合概率如下：

$$P(v_1, v_2, \cdots, v_n)=\prod_{i=1}^{n} P(v_i \mid P_a(v_i)) \tag{3-3}$$

依据贝叶斯网络相关原理，需要对构建的网络节点的概率分布进行参数学习。一方面是依据先人的经验或者该领域的特定知识获得相关数据，但是这种方式会导致误差相对较大；另一方面主要是利用已有的实际观测数据，通过机器学习获得这些节点的概率分布参数。

贝叶斯网络采用的参数学习方法一般为最大似然估计方法，最大似然函数为

$$L(\theta, D)=P(\theta \mid D)=\prod_{i} P(v^i \mid \theta) \tag{3-4}$$

对于建立的贝叶斯网络，已获得一组数据表示为

$$D=\{v^1, v^2, \cdots, v^m\}, \quad v^i=(v_1^i, v_2^i, \cdots, v_n^i) \tag{3-5}$$

则对数最大似然函数为：

$$\ln L(O \mid D) = \ln P(O \mid D) = \frac{1}{m}\sum_{i=1}^{m} \ln P_O(v^i) = \frac{1}{m}\sum_{i=1}^{m}\sum_{j=1}^{n} \ln P_O(v_j^i \mid P_D(v_j^i)) \tag{3-6}$$

通常分布函数已知，这样该问题就转化成多元函数条件极值的问题，采用高等数学中的条件极值的求解方法(拉格朗日乘数法)获得最大值，这样就可以获得参数的估计值。若分布函数未知，得先确定分布函数，再利用上述最大似然函数及条件极值的方法给出参数的估计值。

贝叶斯网络推理主要是利用各变量之间的独立性，将总的联合概率分布分解成各个条件概率，最主要的部分是利用已经获取的一些先验概率计算后验概率。后验概率问题通常包括以下三种情形：一是执果索因，二是执因索果，三是两种混合的推理，本章主要用的是执因索果。

2. 基于贝叶斯网络的应急物资机动效能评估模型

首先确定某主要抢险救灾装备型号的应急机动效能试验，以评估其在应急情况下的机动能力。下面是该试验的指标体系见表 3-2。指标体系将用于对某主要抢险救灾装备型号的应急机动效能进行评估，以确保其在应急场景下能够高效、快速地响应和行动，为抢险救灾任务提供有力支持。实际评估中，可以根据具体需求进行指标的调整和细化。

表 3-2 某主要抢险救灾装备型号应急机动效能试验指标体系

序号	指标名称	说　明
1	应急响应时间	装备在接到应急指令后的反应时间
2	机动能力	装备在应急情况下的移动速度和灵活性
3	装备适应性	装备在应对不同抢险救灾场景中的适应能力
4	资源配备	装备所需的人员、物资、工具等资源的配置
5	通信连通性	装备与指挥中心及其他单位之间的通信连通
6	环境适应性	装备在各种复杂环境下的适应能力

应急抢险救灾作战试验训练效果评价指标体系的构建是评估研究的关键步骤之一。在研究过程中，我们的重点将放在评估方法的可行性上，而不过度关注指标体系的完整性。表 3-3 是应急抢险救灾作战试验训练效果评价指标体系的初步构建。以上指标体系的初步构建将有助于评估应急抢险救灾作战试验训练的效果，以提供对训练成果和准备情况进行评估和改进的依据。在具体评估中，可以根据实际需求

和可行性进一步调整和细化指标体系，确保评估结果对提升应急抢险救灾能力具有实际指导意义。

表 3-3　应急抢险救灾试验训练效果评价指标体系

序号	指标名称	说　明
1	应急响应时间	抢险救灾队接到应急情况后作出反应的时间
2	任务执行效率	在应急情况下完成任务的时间和效率
3	资源利用率	抢险救灾中资源的有效利用程度
4	协同指挥能力	不同抢险救灾队和单位间协同行动的能力
5	通信信息流畅性	抢险救灾队和指挥中心之间的通信信息流畅程度
6	灾情了解与分析能力	快速了解灾情并进行准确分析的能力
7	救援效果评估	对灾区救援行动的效果进行客观评估
8	安全保障能力	确保救援行动安全的能力
9	知识技能水平	抢险救灾队成员的专业知识和技能水平

根据确定的应急抢险救灾机动能力试验项目指标体系，构建了如下战役机动能力评估模型(图 3-16)。应急机动能力评估模型根据应急抢险救灾的特点和需求进行构建。一级指标包括反应能力、机动速度和机动安全，这些指标是评估机动能力的核心要素。反应能力二级指标可进一步细化为总反应时间、反应效率和反应速度，反映了应急抢险救灾队对应急情况的快速反应能力。机动速度二级指标可分为平均机动速度和连续机动率，评估了应急抢险救灾队在机动过程中的速度和连贯性。机动安全二级指标包括机动可靠性、机动受阻率和人为故障率，考虑了应急抢险救灾队机动过程中的安全性和可靠性。

通过以上评估模型，可以对应急抢险救灾队的机动能力进行综合评估，为提高机动能力提供指导和参考。根据具体需求和实际情况，评估模型的指标体系和层次结构可以进行进一步调整和细化，以更好地适应应急抢险救灾的评估需求。

评估模型参数的确定是应急抢险救灾机动能力评估的重要步骤。针对机动能力综合评定等级和反应能力、反应速度、机动安全三个一级指标，可以采取以下方式确定参数等级。机动能力综合评定等级为一级指标等级，其采用一、二、三级逐级递减的方式确定，反映机动能力的整体水平。反应能力一级指标等级为总反应时间，划分为快、中、慢等级，根据实际情况和应急抢险救灾的需求，确定反应时间的合理范围划分。反应效率、反应速度、反应管理时间比，划分为高、中、低三个等级，根据应急抢险救灾队对应急情况的快速响应能力进行评估。机动安全一级指标等级包括平均机动速度、连续机动率、机动受阻率、人为故障率，划分为高、中、低三个等级，根据应急抢险救灾队在机动过程中的安全性和可靠性进行评估。机动可靠性划分为强、中、弱三个等级，考虑应急抢险救灾队在机动过程中的可靠性和容错能力。通过以上等级划分，可以对战役机动能力的各级指标进行评定，从而得出综合评定等级。具体的参数等级划分应根据实际需求和实际情况进行调整和确定，以确保评估模型的准确性和可靠性。

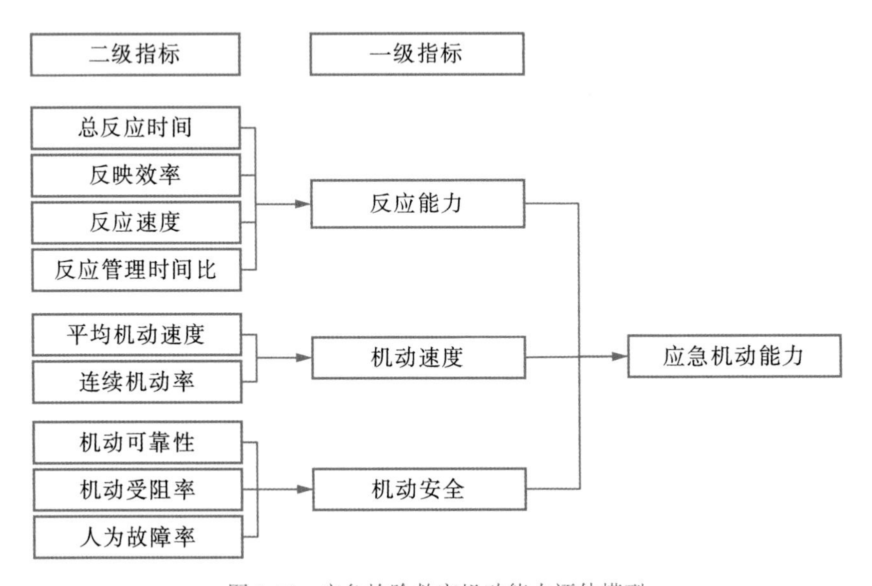

图 3-16　应急抢险救灾机动能力评估模型

在评估过程中，评估员需要根据具体指标的表现和评估要求，结合实际数据和情况进行评定，确保评估结果能够准确反映应急抢险救灾队的机动能力水平，并提供合理的评估报告和建议。

参数训练是应急抢险救灾机动能力评估的关键步骤。根据已确定的某主战装备型号战场机动效能试验、战役机动能力试验项目指标体系和建立的战场机动效能评估模型，可以利用贝叶斯网络分析(Netica)软件进行参数训练。下面以反应能力、机动速度、机动安全等指标为例进行验证。通过贝叶斯网络建立的战役机动能力评估模型，可以实现对装备战场机动效能的评估。在参数训练过程中，可以采用以下步骤：

(1)建立贝叶斯网络结构：根据战役机动能力试验项目指标体系，确定贝叶斯网络的节点和节点之间的关系结构。节点表示各个评估指标，边表示指标之间的依赖关系。

(2)收集样本数据：获取具体装备在战场机动过程中的相关数据样本，包括反应能力、机动速度、机动安全等指标的观测值。

(3)学习参数：利用最小二乘法等统计学方法，对收集到的样本数据进行学习和拟合，得出贝叶斯网络中各节点的条件概率分布。

(4)参数验证：使用学习得到的参数，对新的样本数据进行验证，通过比较实际观测值和模型预测值，评估模型的准确性和可靠性。

通过以上步骤，可以利用贝叶斯网络分析软件对战役机动能力评估模型进行参数训练。这样建立的模型可以在给定装备的战役机动情况下，根据实际观测值，给出各指标的评估结果，从而对装备的战场机动效能进行评估和分析。这对指挥员和指挥机关在应急抢险救灾行动中作出决策和调配资源提供了重要参考依据。

本章通过贝叶斯网络建立应急机动能力评估模型，基本实现了对应急装备的机动效能评估。

第4章 智慧地球复杂环境保障方案

智慧地球复杂环境保障方案主要是通过运用先进的信息技术、物联网技术、大数据分析、人工智能等手段，以大型模型理论为基础，为地球环境保护提供有效的方案。以下将从多个方面详细阐述智慧地球复杂环境保障方案。

(1)严密监测全球环境状况。通过遥感卫星、地面观测站、无人机等先进设备，对全球环境进行全面、实时、高精度的监测。监测对象主要包括大气质量、水资源、土壤污染、生物多样性、海洋环境等多个方面。数据采集后，利用大数据分析、人工智能等技术进行综合评估，为环保决策提供支持。

(2)智能预警系统。根据监测到的环境数据，建立智能预警系统，对可能发生的环境风险事件，如洪水、干旱、污染扩散等进行及时预测和预警。通过与政府、企业、民众等各方进行信息共享，可以提前采取措施应对，减轻环境风险的影响。

(3)资源配置优化。通过智能建模，对城市及农村的资源配置进行优化，包括水资源、能源、土地资源等方面。例如，在智慧农业中，通过环境模型对农田用水进行预测，帮助农民合理安排灌溉，提高水资源利用效率；在城市规划中，合理规划土地资源，兼顾经济发展与生态保护的需要。

(4)气候变化应对。根据大型气候模型，预测未来气候变化趋势，制定应对策略。在全球范围内加强减排行动，提升清洁和可再生能源的使用比例，降低温室气体排放；开展气候适应性研究，为城市、农业、水资源等领域的气候适应提供指导。

4.1 大模型在智慧地球中的应用

大型模型理论是指一种以建立全面、全球和高精确度的模型为目标的研究范式，该模型能够模拟、预测和解决各种现实世界问题的科学模型。在智慧地球的背景下，大型模型理论可以帮助我们更好地研究地球系统科学、生态环境资源、气候变化、人类社会等多领域的互动关系，为人类的可持续发展提供科学依据。

自 20 世纪以来，随着科技的飞速发展，人类对地球的认知逐步深入。尤其是近几十年遥感技术、地理信息系统等现代地球观测手段的广泛应用，使得我们能够足不出户而探测地球的方方面面。为了更好地模拟、预测和管理地球系统，科学家和工程师开始建立起更大规模、更高精确度的综合性“大模型”。

4.1.1 地球系统模型

地球系统模型是将地球的各个子系统（如大气、水文、生态、地壳、地幔等）耦合在一起，形成一个统一的、多层次、多过程的综合模型。这些模型可以对地球系统的动态演化进行高度精确的模拟和预测，为阐述地球系统的复杂现象提供科学解释。

4.1.2 智能预警系统

智能预警模型在智慧地球中的应用主要通过收集、分析和处理大量的环境数据，以期预测和预警可能发生的环境风险事件。这一过程不仅有助于减少自然灾害及人为污染的不利影响，还为政府和相关部门制定灾害应对和防治措施提供了科学依据。以下列出了智能预警模型在智慧地球中的具体应用场景。

天气预警：通过收集卫星、气象雷达、地面观测站等各种气象信息，结合大数据和人工智能技术，进行气象数据的实时分析和预测。智能预警模型可以预测未来的降雨量、气温、风速等气象要素，并及时发布暴雨、台风、干旱等气象灾害预警信息，为公众及相关部门提前做好防范。

水文预警：智能预警模型能够实时监测河流水位和流量，结合气象数据和地形特征，预测可能发生的洪水、滑坡、内涝等水文灾害。在灾害发生前，对有可能受灾的区域下发预警通知，以提高灾害应对的效率。

空气质量预警：通过监测空气污染物浓度，智能预警模型可以预测未来的空气质量。当预测到空气污染加剧时，及时发布空气污染预警信息，促使政府采取限行、停产、减排等综合措施，引导公众采取健康防护措施。

生态保护预警：智能预警模型可实时监测生态敏感区域，如森林、湿地、野生动植物栖息地等。一旦发现非法砍伐、偷猎、开发破坏等违法行为，即采取预警措施，协调有关部门进行执法。

地震预警：借助于构建地球深部物理模型，智能预警模型可以有效地预测潜在的地震活动，并在地震发生前几秒至几十秒内发送预警信息。虽然时间较短，但仍可为用户提供紧急避险的机会。

海洋环境预警：智能预警模型可以分析和预测红潮、海洋污染等海洋环境风险，并及时发布预警信息。相关部门在预警信息发布后，可以采取相应措施减轻风险，确保海洋资源的可持续利用。

总之，智能预警模型在智慧地球中的应用帮助我们更好地识别、预测和预防环境风险，为政府、企业和个人提供了及时、准确的预警信息。通过将这些信息应用于实际情况，我们能在灾害发生前采取更有针对性的预防措施，有效减轻或避免环境风险所带来的损失。

4.1.3 资源配置优化模型

资源配置优化模型在智慧地球的应用，主要是指通过运用先进的理论和技术手段，对地球上各种有限资源进行高效、合理、可持续的配置，从而更好地满足人类经济社会发展的需求。下面结合 5 个具体的应用领域介绍资源配置优化模型。

1. 能源资源配置优化

在智慧地球下，资源配置优化模型可以针对不同能源类型(如石油、天然气、煤炭、水电、核电、风能和太阳能等)，通过大数据分析、云计算和人工智能技术等，对各种能源的产量、质量、消费需求、供应链和运输成本等多个因素进行综合分析，从而实现能源供需平衡及合理调配。

2. 水资源配置优化

水资源配置优化模型在智慧地球中的应用主要体现在对地表水、地下水和人工水库等不同水源的调控与统筹，以改善水资源的数量和质量，并更好地满足农业、工业、生活等方面的用水需求。通过水资源的实时监测、水价政策激励与信息化管理等手段，实现节水目标和提升水资源利用效率。

3. 土地资源配置优化

土地资源配置优化模型在智慧地球中主要应用于合理安排城市规划、农业耕种、生态保护等多个方面的土地利用需求。通过遥感技术、地理信息系统（GIS）和大数据分析，对地块的地形、位置、资源特征及生态环境价值等多个因素进行综合考量，实现城乡建设与生态环境保护的协调发展。

4. 物资资源配置优化

对于物资资源领域，智慧地球下的资源配置优化模型可以就各类工业原材料、制成品和消费品等不同物资需求情况，实现生产、仓储、运输和销售等环节的精细化管理。通过应用物联网、大数据和人工智能技术，实现物资需求预测、库存调度和物流配送等过程的智能化和自动化。

5. 人力资源配置优化

人力资源配置优化模型在智慧地球中旨在实现人力资源在不同地区部门和行业之间合理流动和配置。通过利用大数据挖掘、人工智能和区块链技术等，对劳动力市场的供需信息进行实时匹配，为政府、企业和个人提供精准的就业指导和招聘服务。

总之，资源配置优化模型在智慧地球中的应用，有助于实现各类资源的高效利用和可持续发展，为创新人类生产生活方式和改善环境保护提供新思路和方法。

4.2 面向实时应用的遥感服务技术

20 世纪，人类文明的一个重要标志是人们首次能够从遥远的太空观测地球。全世界大约有 60 个国家和地区的 1100 多家航天公司参与研发、制造、部署和运营各种军民商用卫星系统，200 多个国家和地区已经在利用通信、导航、遥感卫星的成果。我国航天事业发展 40 多年来，遥感卫星从无到有，逐渐发展，形成多种卫星系列，通信卫星系列、导航卫星系列、对地观测卫星系列和科学与技术试验卫星系列构成了当前我国的应用卫星体系，并且在国土资源、气象服务、环境监测、海洋遥感等领域形成了稳定的业务用户群，为我国卫星应用的发展奠定了基础。

当前，通信、导航、遥感卫星系统各成体系，已经无法满足大数据时代广大用户的实时化、智能化、多元化的需求，也难以实现市场化和国际化。除了国土、测绘、规划、地矿、农业、交通、海洋等行业应用领域，国防建设、地方政府、大型企业集团乃至互联网服务、公众生活应用都对卫星遥感导航数据及服务，特别是高分辨率卫星遥感数据及服务表现出了大量而迫切的需求。不同行业、不同领域的用户对遥感数据产品需求从单一化、标准化逐步向多样化、专题化，从静态调查到动态监测、预测和预报，从定性分析到定量研究，从一般性应用到批量业务化运行转变。因此，基于“一星多用、多星组网、多网融合、智能服务”建设通信、导航、遥感一体化的天基信息实时服务系统 PNTRC(Positioning，Navigation，Timing，Remote sensing，Communication)已成为当代空天信息技术发展的重要方向。在 5G、物联网、大数据和人工智能时代，人们对 B2B、B2G 和 B2C 的遥感信息服务提出了“快、准、灵”的强烈需求，研究面向实时应用的遥感服务技术势在必然。

4.2.1 天-空-地-海对地观测传感网实时服务能力

目前，我国在轨运行的空间飞行器超过 300 颗，涵盖通信、导航、遥感、载人航天等多个领域。但是由于系统间存在相对孤立，现有的卫星网络系统已经不能满足人们对服务的实时化、综合性需求，具有多种功能、轨道互补、智能化程度高、可自主运行、便于扩展的异构卫星组网成为新的发展方向(李德仁，2012)。

基于卫星物联网载荷和终端设备，将各类传感器接入卫星物联网，卫星成为物联网中心的一个传感器(Goodchild，2007)，组建天-空-地-海对地观测传感网。这种高度综合的异构网络系统打破了原有系统间的数据共享壁垒，能够实现轨道资源、传感器资源、通信资源等各种资源的综合、高效利用，不仅可以提供一体化的侦察、导航、作战指挥等服务，也可以为海-陆-空通信、导航、应急救援、海洋气象预报、农林牧渔等提供全方位、实时化的保障。天-空-地-海跨维度服务将成为未来全方位服务的主要形式，天-空-地-海对地观测传感网如图 4-1 所示。这样的传感网系统能提供米级、亚米级和厘米级的几何精度，乃至毫米级的形变监测精度。

4.2.2 遥感技术实时应用服务需求

以美国为首的遥感强国纷纷加快天基信息化装备的研发与应用进程，夺取空间信息优势。作者在 2017 年分析了中国军民融合战略的背景和天基信息系统发展的现状，阐述了建设军民融合卫星通信、遥感、导航(通-导-遥)一体天基信息实时服务系统的重大战略意义，提出了中国定位、导航、授时、遥感、通信(PNTRC)一体的天基信息服务系统建设构想，对中国 PNTRC 系统的发展进行了展望。武汉大学“珞珈一号”科学试验卫星旨在通过研制发射多颗具备星基导航增强能力的对地观测低

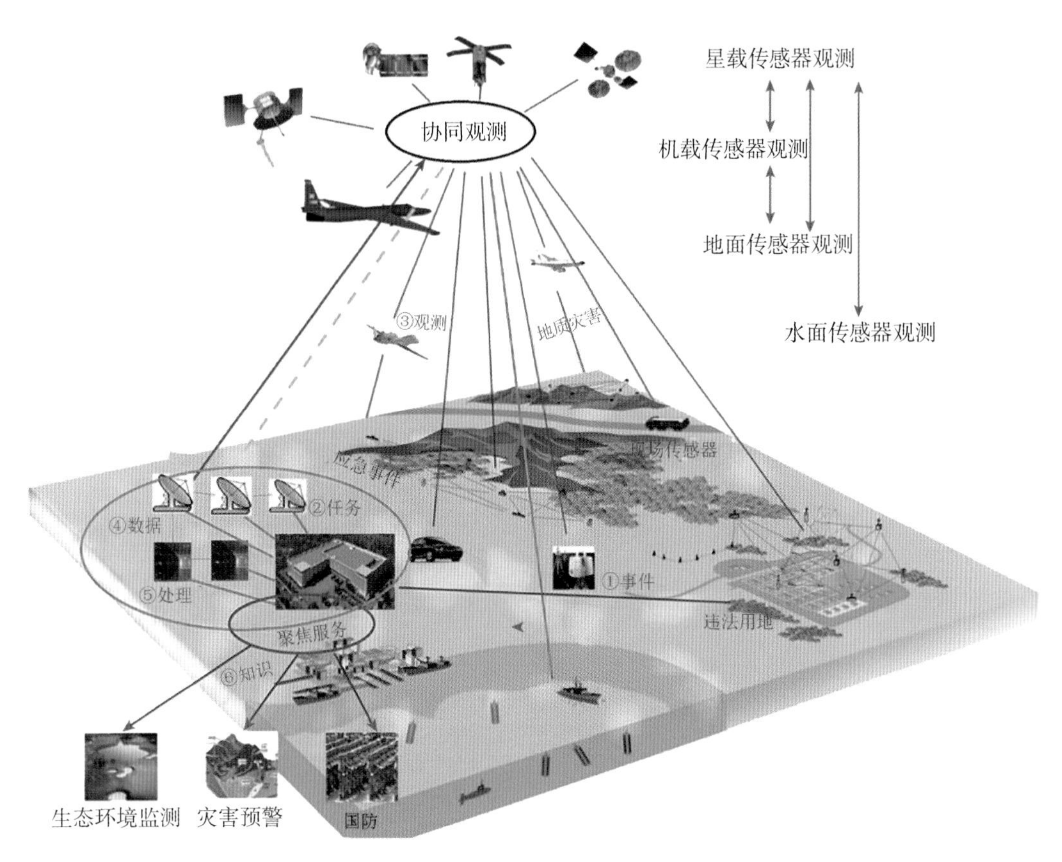

图 4-1　天-空-地-海对地观测传感网概念图

轨卫星，开展天基信息实时智能服务系统研究(李德仁等，2019)。

当前航天技术发展迅猛，已广泛应用在国家军民信息建设中，PNTRC 系统是国家信息化建设的重要基础性设施，它通过运行在外空间的星载资源实现信息的获取、传输、处理及分发等功能，获取全球范围内近实时的态势感知情报。在天基侦察预警方面，美国先后提出了“国防支援计划”“天基红外系统计划”等，天基预警卫星系统通过搭载红外感应器，用于监测空间飞行器、弹道导弹的发射等。同时构建了天基空间监视系统，美国启动了“天基空间监视系统计划”，相继发射了多颗监视卫星，可以在地球近地轨道实现对空间目标的监视任务。

美国在遥感卫星领域占据着领先的位置，拥有“锁眼(KH)”“地球之眼(GeoEye)”“世界观测(DigitalGlobe)”“鸽群(Flock)”等卫星星座。美国对地观测卫星系统已经形成较完善的对地观测运行控制机制和管理体系，涵盖测控管理、数据接收和管理分发、应急调度等，广泛应用于政治、军事、经济建设、防灾减灾、环境监测、科研等领域。

地震灾害具有瞬时突发性，破坏力极强。一次强烈的地震一般持续时间只有几十秒，但是会在短时间内产生巨大的破坏力，造成大量的房屋倒塌和损坏及人员伤亡。同时，强烈地震的发生总是会伴随着密集的余震，增大了引发次生灾害的可能性。因而，在地震发生后，迅速开展抗震救灾应急救援工作，能够在一定程度上减轻地震灾害带来的损失，从而达到有效减灾的目的。

目前遥感技术对于抗震救灾等灾害应急的实时服务还有较大差距，需要加速推进天基信息实时智能服务系统（PNTRC）建设（眭海刚等，2019）。PNTRC 系统包括资源服务、功能服务和应用服务 3 个层次。具体到综合防灾减灾，资源服务是针对灾害应急所需的各类空间数据，通过各软硬件资源和虚拟化技术提供存储、计算、迁移、交换、备份和共享服务等。功能服务，是灾害应急服务的核心部分，包括运行管理、数据接入、资源调度和数据智能管理，模拟仿真、三维可视化、位置服务和数据处理、数据同化、空间分析、信息服务等。应用服务是指在资源服务和功能服务的基础上，按照接口标准和用户需求对相关服务进行定制和集成，为灾害应急处置与综合减灾提供应用服务支撑。图 4-2 是基于无人机遥感的灾害应急响应，通

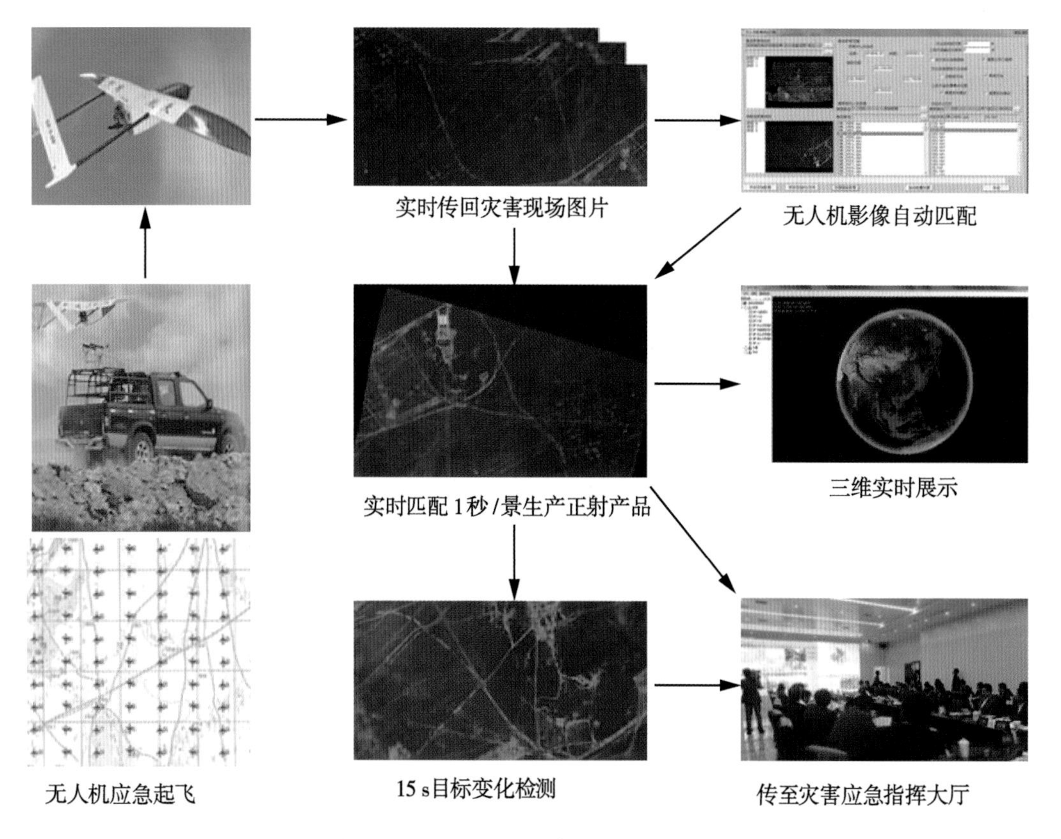

图 4-2　基于无人机遥感的灾害应急响应

过无人机快速获取灾害地现场影像，实时匹配后生成正射产品，提供灾害地三维实时展示和目标变化检测。如果具备灾区灾害发生之前的数字正射影像和数字地图产品，利用人工智能算法，可在半分钟之内获取实时灾情，甚至边飞行、边处理、边服务。

形变监测主要包括城市、工矿区等地面沉降监测和工程建筑物三维变形监测、滑坡体滑动监测(唐尧等，2019)等，其中最具代表性的变形体主要包括高层建筑、桥梁、大坝、矿区地表、隧道等。超大城市在经济高速增长的同时，需要承载越来越多的人口和超常的经济社会活动，因而会带来一系列城市病。超大城市的地面沉降问题日益凸显，目前全世界有超过 150 个主要城市面临着地面沉降问题，在我国有超过 50 个城市发生了地面沉降。

图 4-3 是北京市 2003—2010 年地面沉降的时空演化过程，从图中可以发现地面沉降量呈现出逐年增大的趋势。该研究由首都师范大学完成，采用 Envisat ASAR 影像(2003—2010 年)和 TerraSAR-X 影像(2010—2011 年)，利用 InSAR 时序分析监测地面沉降情况(Chen et al.，2016)。

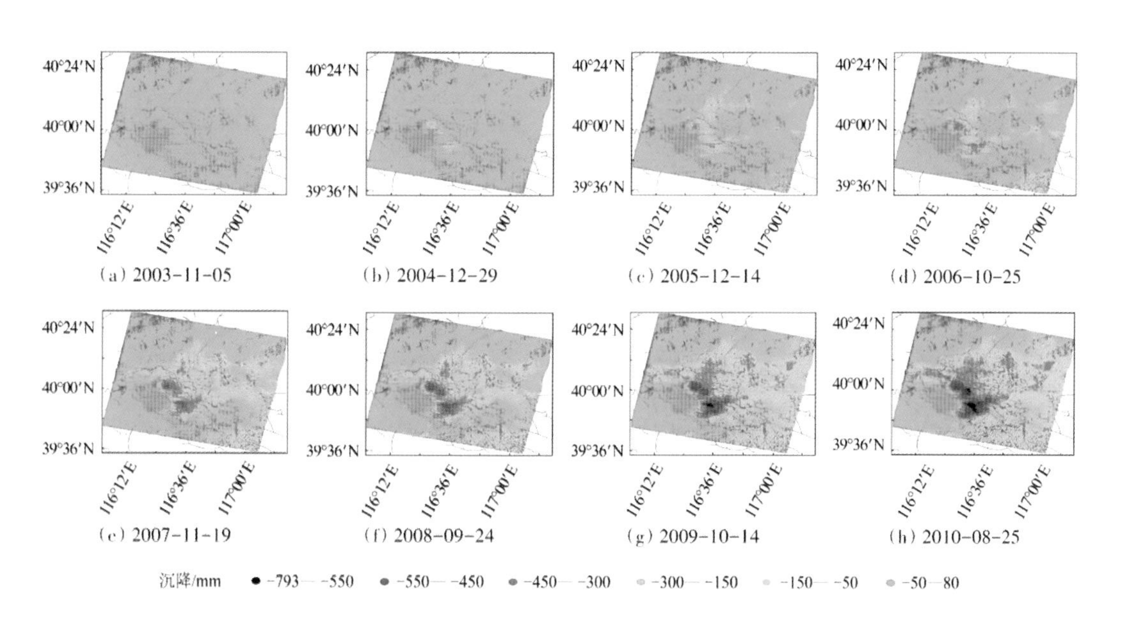

图 4-3　北京市累积地面沉降量的时空演化过程(Chen et al.，2016)

据相关统计数据，20 世纪 90 年代初，上海、北京、天津、江苏、河北、浙江等 16 个省(市、区)地面沉降面积约为 48700km^2，到 2003 年已达到 93855km^2(殷跃平等，2005)。地面沉降会对高层建筑物、轨道交通、地下管线及其他基础设施带来巨大的安全隐患。由于地面沉降具有区域性、累加性和不可逆性，积极做好控制工作显得尤为重要，开展地面沉降的监测可以为控沉减灾提供必要的信息支撑。为此，自然资源部已将建设中国地表形变一张图列入行动计划。

在当前的大众服务方面，无线通信技术和全球定位导航技术均已经面向大众提供了普适性服务，这是技术惠民的发展方向。进入21世纪的智慧地球时代，无所不在的传感器网络将推动测绘遥感地理信息的实时化、大众化。当前，测绘遥感地理信息技术与互联网、云计算、大数据、人工智能等深度融合，催生的新产品、新服务、新业态，深刻影响着经济社会发展和人们日常生活。基于大数据、人工智能技术的“智能+地理信息应用”，为人们日常移动应用提供精准的定位服务。基于数字地球、物联网、云计算的智慧地球，通过传感网实现网络世界和现实世界的关联，自动、实时地感知现实世界的各种状况和变化。借助遥感云、大数据的相关技术，能够有效地破解多个城市困局。例如洪水淹没范围分析，室内外高精度的手机连续位置定位和实时导航，可以提供与位置相关的各类服务或需求解决方案(李德仁，2019)。三维实景模型实现在智能驾驶高清地图、5G信号仿真、城市精细化管理、城市空间安全、国防建设等领域中的应用(图4-4)。

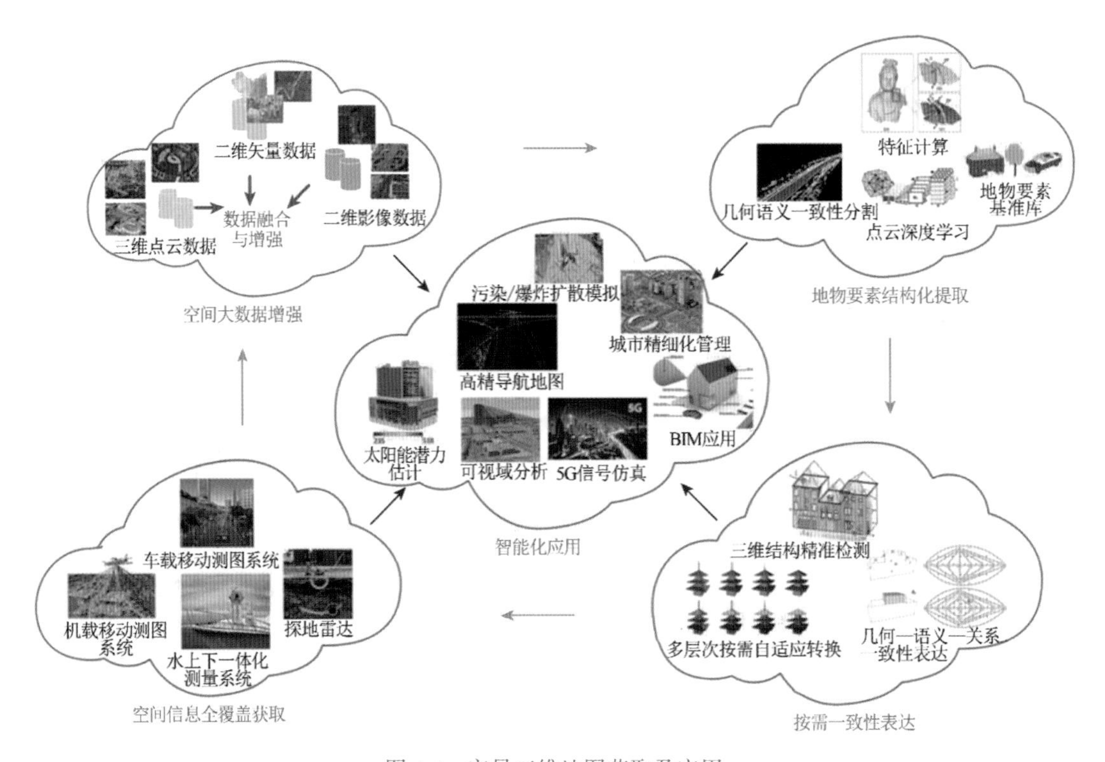

图4-4 实景三维地图获取及应用

GeoSmart 是 GeoGlobe 的智能化的实时系统，基于传感网的 WebGIS 服务模式，通过数以万计的传感器获取实时数据，依托全息感知、数据挖掘和时空分析等技术进行动态管理、实时分析、感知和认知，进而进行控制和反馈，推动各部门开展各项工作。系统具备类似人类大脑的感知、分析、推理和控制功能。图 4-5 是利用 GeoSmart 系统构建的太原市时空云平台，通过传感器网络全天候、智能化监测和管理太原市的城市运行大数据。

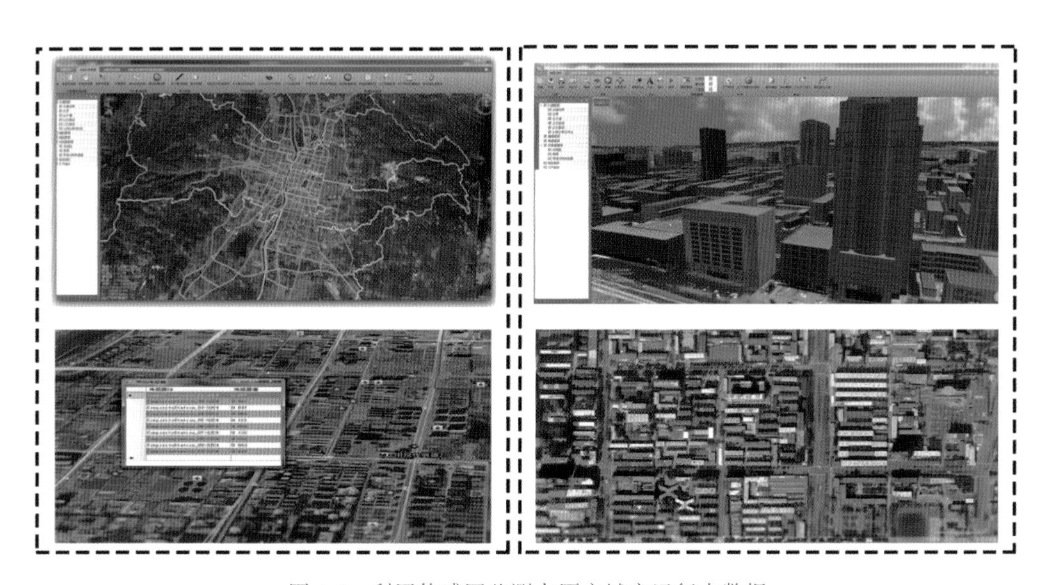

图 4-5　利用传感网监测太原市城市运行大数据

4.2.3　基于人工智能的遥感在轨处理技术

传统的遥感数据获取和处理模式已经无法满足当前用户对遥感服务的需求，以用户的任务需求为核心的任务驱动的遥感数据星地协同处理机制成为遥感影像数据获取和处理的发展方向。在任务驱动的星地协同处理机制下，优化配置星地数据获取、计算、存储、传输、接收处理等资源，充分调用星地协同算法资源，例如，星上智能任务规划、光学影像相对辐射校正(Wang et al., 2020)、高精度实时几何定位(Wang et al., 2017, 2018; Dong et al., 2019; Zhang et al., 2019; Chen et al., 2020)、光学遥感影像智能云检测(Shao et al., 2019)、目标智能检测(冯文卿等, 2017)、数据智能压缩处理和运动目标检测(矫腾章等, 2020; Yu et al., 2020)等各类处理算法；根据不同任务的具体需求，包括观测位置、区域大小、目标属性，智能化的规划数据获取和处理流程，实现智能化、自动化的星地协同处理(王密，杨芳，2019)。

天基信息智能服务是天基网络与用户互联互通的技术通道，是天基信息快速、准确、智能化服务用户的技术手段，是 PNTRC 系统服务于终端用户的“出入口”(李德仁，2016b)。通过接受用户发出的特定任务，聚合处理各种异构天基和地基信息，实时智能地为用户提供所需信息、知识。其具体服务技术流程为，在接收到用户指定的需求时，通过语义理解抽象出规范化的任务空间，进行任务分解和聚合；将时变空变的星地“通-导-遥”信息资源抽象出规范化的资源空间，进行统一描述与高效组织；将任务空间和资源空间映射到可以度量的能力空间，通过任务与资源的匹配映射，从而实现资源与信息的自组织，得到满足各种任务需求的聚焦服务链；再在信息空间对聚焦服务链进行整合执行，通过遥感信息的处理服务，得到满足应用任务需要的数据、信息或者知识。最终通过传输服务将数据、信息或者知识传达给用户的各类终端(如智能手机)。

多源数据在轨处理作为 PNTRC 系统中的关键技术之一，是整个系统从数据获取到信息生成的中心环节(李德仁，2016a)。多源数据在轨处理需要解决任务驱动的遥感数据星地协同处理机制和遥感数据星地协同智能实时处理方法两大关键技术。从星上和地面遥感数据处理系统架构出发，面向任务的资源调度规划模型，提出任务驱动的天基数据星地协同处理机制(图 4-6)，通过星地不同功能资源的通信与协作来实现各类任务的快速响应，更好地满足用户任务的需求(李德仁，2018)。

图 4-7 是通过卫星传感网进行灾情监测和灾后评估。火灾发生在美国西北部 Roberts 地区，首先，利用卫星传感网调用 MODIS 卫星，通过分析 MODIS 数据及时获取火灾发生的地点；然后，规划并调用高分辨率卫星(如 EO-1 卫星)获取更加清晰和详细的火灾地情况；最后，通过人工现场调查，提高火灾遥感反演的精确度。卫星传感网在火灾监测和灾后评估中的应用，提高了灾害应急响应的效率。

武汉大学眭海刚等(2020)研制了一种卫星在轨处理系统，搭载“吉林一号”光谱 01/02 星，具有森林火灾着火点自动识别、搜寻和定位功能，可直接利用星上北斗接收机短报文通信，实现着火点经纬度以“秒级”的速度从传感器到用户实时传输，从而极大地提升应急响应的时效性(图 4-8)。

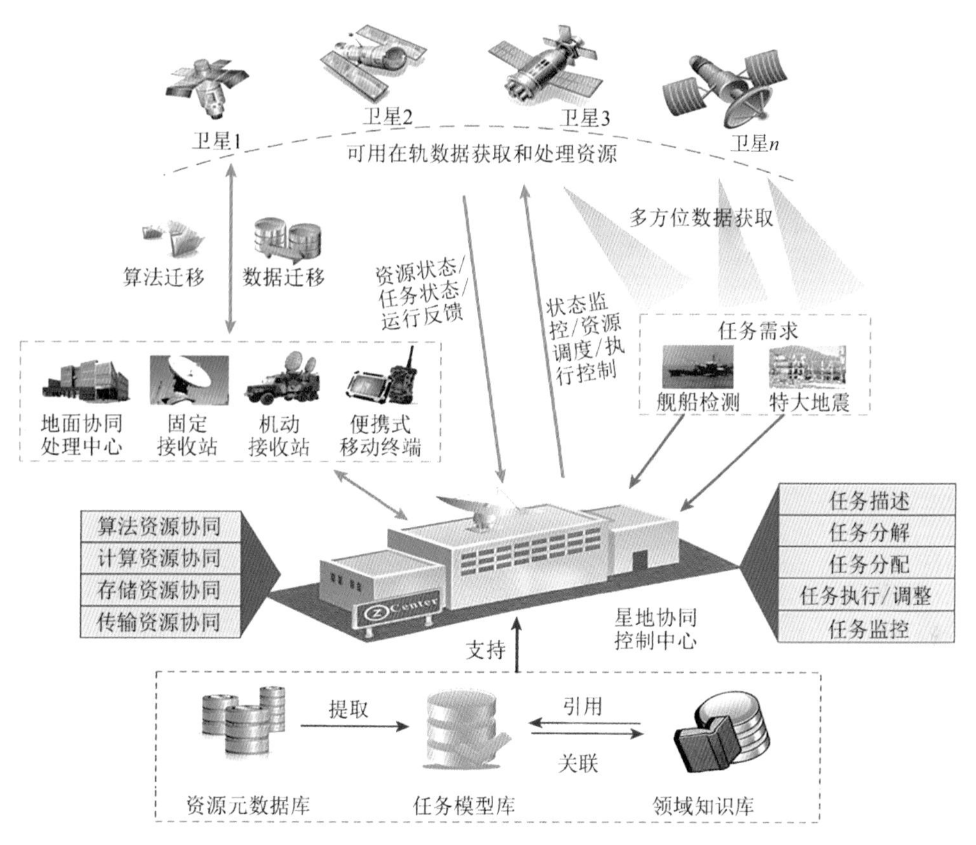

图 4-6　任务驱动的遥感数据星地协同处理机制

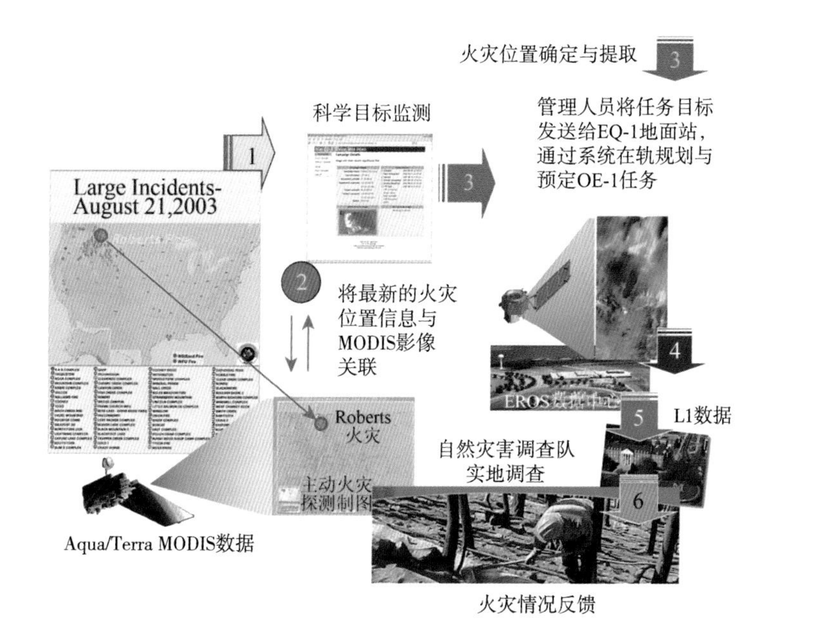

图 4-7　任务驱动的遥感数据星地协同处理机制

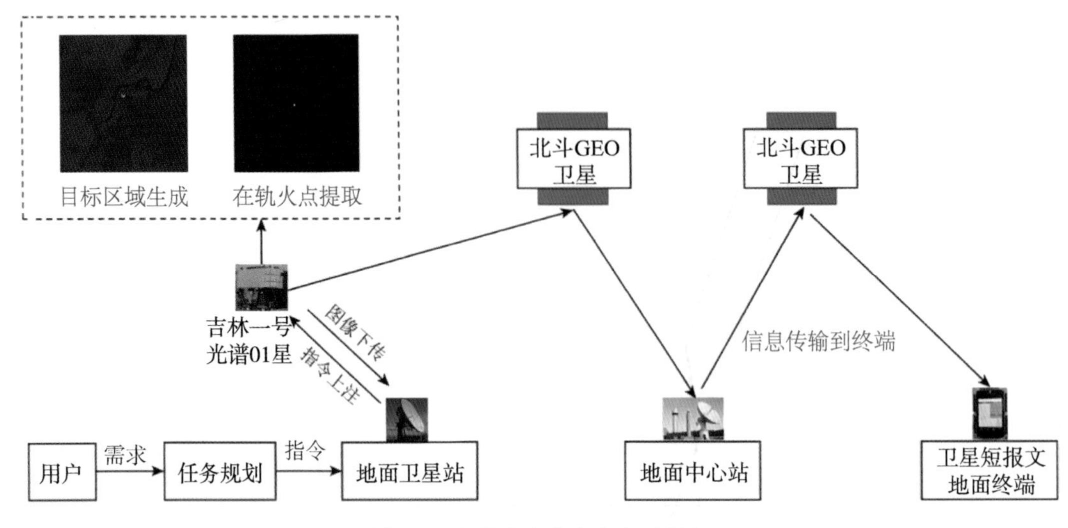

图 4-8 森林火灾着火点实时提取

4.2.4 实时遥感服务实践

通过构建遥感、导航与通信卫星集成的天基信息服务网络，达到“一星多用、多星组网、多网融合、智能服务”的目标，实现“天网”与“地网”的深度耦合，从而可以根据广大用户的需求，将相应的数据和信息实时推送到用户的手机和移动终端上，实现智能化服务。

近年来，国家在大力推动智慧城市建设，PNTRC 系统作为智慧城市建设的基本元素之一，广泛应用于智能交通等各个领域。通过 PNTRC 系统技术，可以实现城市中各种车辆的监管与管理，包括紧急救护、网络约车、小孩和老人的看护、食品安全运输监管、重要物品或危险品运输监管、智慧物流配送、智慧停车导引等。在智能交通方面，PNTRC 系统能够有效地缓解交通拥堵和停车难的问题。依托高精度的定位和导航技术，系统可以实时引导车辆行驶在非拥堵路段，并提供非拥堵、无收费路段的信息，从而优化交通流量，缓解局部交通压力。此外，“共享单车”作为缓解出行难问题的一项重要措施，也离不开 PNTRC 系统的高精度定位和智能调度支持。

在物流配送方面，利用 PNTRC 系统的信息服务，将城市内运行的物流空车信息与物流配送任务需求相结合，不但能实现物流配送的全面升级，还能为环保及改善城市市容作出贡献。同时也可应用于物流仓储的规划和选址中，实现物流资源的有效聚集和优化配置。

在现代农业方面，利用 PNTRC 系统到农民手机的实时服务，可直接将农田长势、病虫害信息推送给农民，无人机或无人农用汽车可直接进行田间作业，这将是中国农业现代化和智能化的方向。

在疫情防控方面，需要积极收集疫情信息，包括人员流动、患者、医疗生活物资、物流等信息的时空分布。人员流动的监测有利于预测疫情暴发风险，辅助资源调配。医疗生活物资的监测也有助于政府部门和医院合理规划和配置医疗资源，制定疫情防控对策。这些都离不开 PNTRC 系统构建的时空位置大数据服务的支撑(李德仁等，2020)。

PNTRC 系统可以广泛应用于大地测量、资源勘查、地籍测量及工程测量等领域，在海洋测量和海洋工程中的应用也已经兴起。与传统的测量手段相比，利用低轨卫星增强高轨导航卫星系统(GNSS)，在无地面增强系统情况下，PNTRC 系统应用有巨大的优势，测量精度高，可全天候操作，观测点之间无须通视。

PNTRC 系统卫星定位技术的应用推进了机械工业自动化、产业化的发展进程，使用卫星导航技术辅助控制的机械可用于防浪海堤建筑施工系统、道路桥梁建筑施工系统、航道疏浚系统、露天矿山和铁路、公路隧道开挖、精准农业、生态环境监测和管理(图 4-9)等。

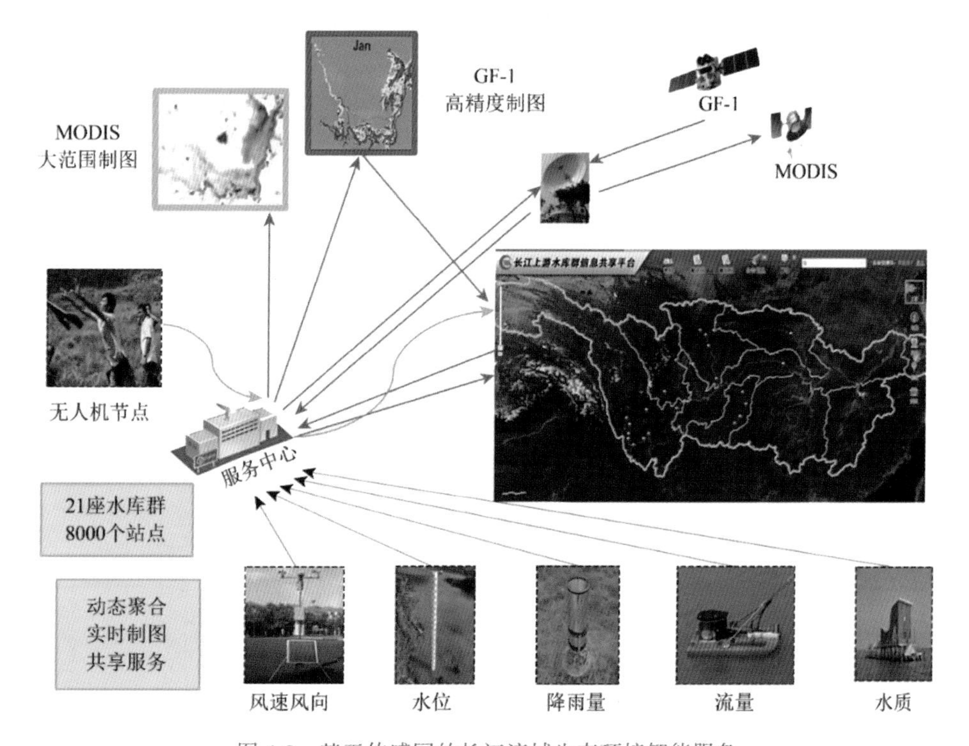

图 4-9　基于传感网的长江流域生态环境智能服务

4.3 典型自然灾害遥感快速应急响应服务

自然灾害始终与人类社会如影随形，人类的发展史就是人类与自然灾难不断进行抗争的历史。灾害应急响应是防灾减灾的关键内容，开展快速有效的应急响应成为科学救灾、快速救援的基本要求。遥感(RS)技术由于宏观、快速、准确的对地观测优势逐渐成为应急响应的最有效手段。多年来国内外广泛的应用表明，遥感技术在防灾减灾救灾工作中的应用领域广阔、应用潜力巨大，能够为灾害应急响应和指挥决策提供强有力的技术支持。

典型自然灾害(简称灾害)包括地震、洪灾、火灾、滑坡/泥石流等，应急响应的第一要务就是“快”。时效性是灾害应急响应的灵魂，是应急救援黄金时间的核心保障。经过多年发展，我国在灾害遥感快速响应方面取得了很大的进展。如图 4-10 所示，2008 年汶川地震后第一张卫星影像获取时间为 3d，2013 年芦山地震后卫星影像获取时间缩短到 10h，2017 年九寨沟地震后获取影像数据时间已经缩短到 4h。而且随着高分辨率对地观测卫星“高分四号”的发射，通过对目标区域长期“凝视”获取动态变化过程，已实现诸如森林火情、洪涝灾害监视等快速监测。

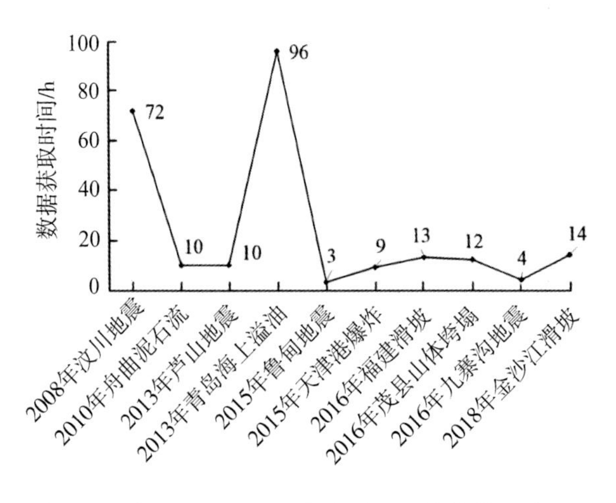

图 4-10 我国 2008—2018 年灾后卫星影像获取时间

但从整体上来看，灾害遥感应急响应依然面临“数据下不来、处理不及时、服务不持续”的困境，极大错失了应急救援黄金时间。美国、日本、欧洲国家等因其成熟的应急服务体制机制和发达的组网监测技术，遥感传感网在预测预警、监测监控、应急处置和恢复重建等应急响应全流程中发挥了重要作用，但在遥感快速应急响应方面依然面临挑战。目前，遥感快速应急响应方面的研究集中于在对地观测传感网动态环境下实现“在适当时间将适当信息及时发送给正确地点的指定接收者”的应急实时服务。由于空-天-地单一手段应急监测会出现“时空裂缝”，因此如何将空-天-地遥感进行有机协同应急监测并实现遥感协同观测数据的实时处理与即时信息服务已逐渐成为遥感应急领域的研究热点。目前，灾害遥感应急响应研究大多侧重遥感数据快速处理、并行计算等相关应急处理，缺乏体系化的分析。由于灾害应急响应涉及多部门、多资源、多系统的联合协同过程，是典型的“System of Systems”，单纯处理算法上的提升难以满足灾后应急响应的业务化系统需求。

近年来，随着遥感技术、大数据技术及人工智能技术的发展，在防灾减灾中多源数据协同、多技术联合来实现灾害应急监测已得到一定的关注。但是，空-天-地遥感协同监测与应急技术体系尚未深度耦合，导致灾害应急的时效性依然难以有效保证。本章围绕如何充分发挥先进的遥感监测手段的作用，推动多个应急保障机构及空-天-地多种遥感监测手段统一协作，提供动态、实时、持续的空间信息应急服务，开展全范围覆盖、空-天-地一体化的遥感协同监测的快速应急响应研究。

4.3.1 灾害遥感快速应急响应的主要技术挑战

自然灾害发生具有不确定性、复杂性、区域性、过程性等特点，实现灾害遥感快速应急响应本质上需要解决不同类型资源的组织管理、运筹规划问题，包括应急资源的组织、部署、规划、调度、运转、加工及共享分发等多个方面。总的来看，影响遥感应急响应的因素主要包括：①应急体制机制，即应急时组织管理的各个部门之间如何协同、有序、各司其职地高效工作，体现为应急保障预案的制定；②应急情况下，各种资源包括观测资源、计算资源、通信资源等如何筹划与需求匹配，即资源与信息、服务如何有效协同联合，体现为应急服务体系的问题；③遥感观测资源的部署，即如何平衡资源的快速持续观测能力与资源建设的投入，体现为观测资源最优配置的问题；④空-天-地遥感资源如何高效协同观测与通信传输，体现为空-天-地遥感协同规划、调度与组网通信的问题；⑤应急响应模式，即应急遥感数据采集、处理、共享与服务等流程如何高效组织，体现为灾害应急处理链路优化调整的问题；⑥遥感数据处理与服务技术，体现在遥感数据快速处理、应急专题信息智能化提取、按需分发服务等方面的问题。具体来看，挑战主要体现在以下 7 个方面。

(1)已有的应急预案与遥感技术耦合不紧密，对应急预案的细化与落地实践不足。中国应急管理工作是围绕“一案三制”展开的，应急预案是对应急响应体制机制进行规范描述的操作性文件。但目前的应急预案对灾害遥感应急响应的具体行动指南较少，缺乏应急体制机制的支撑，导致多种先进的遥感监测技术无法主动、高效、协同地提供应急响应服务。而且已有的应急预案不够细化、实用，导致其无法落地，往往会造成灾害发生时的应急服务工作无序混乱。

(2)面向灾害事件的应急资源筹划与实际应急需求常难以匹配。灾害发生后第一要务就是要做好应急资源的整合和筹划，以满足应急响应任务的实际要求。但由于灾害应急事件的突发性及复杂性，灾害通常是链式地发生，导致需要解决基于多任务的应急资源动态匹配问题，如何解决多需求、多资源、多部门的动态最优筹划尚需研究。

(3)观测资源部署与配置需要动态优化调整。由于突发灾害事件的发生具有时空随机性，空中地面应急监测资源却相对有限，特别对于无人区、困难地区，观测资源分配与利用不合理将会导致对部分区域难以覆盖，对重点区域难以满足区域聚焦的快速、动态、持续观测。此外，观测资源的空间配置部署要考虑建设维护的成本与快速响应之间的平衡。

(4)空-天-地协同观测与通信组网能力不足。突发事件发生的过程性、动态性需要时空无缝的全范围、全时域空-天-地遥感观测。目前，空-天-地观测资源分布在不同部门，“烟囱式”观测系统之间缺乏有效的协同动态规划与调度。而且在发生灾害、通信设施遭到严重破坏的地区网络通信受阻，灾害现场数据与应急信息的传递严重受影响，应急情况下的通信组网能力急需提升。

(5)应急响应整体链路长。目前的灾害应急响应模式中，卫星数据获取的典型模式是卫星紧急调度、成像、过境数传、数据处理和分发，整个周期环节繁杂、耗时较长。卫星影像特别是视频数据量大导致传输压力非常大，难以满足应急响应对信息时效性的需求；而机载影像通常要飞行落地后才能处理。此外，星载/机载数据的数据处理和应急专题处理通常分散在不同部门，难以实现信息的快速传递与共享，遥感信息整体服务周期长、环节多，时效性不能满足应急需要，用户难以在第一时间及时地获得灾害应急信息。

(6)与智能化、实时化处理要求还有很大的差距。从应急遥感“大数据”中智能挖掘“小信息”是国际难题，缺乏智能化的空天遥感定量高精度反演与信息提取理论方法，而且应急情况下获取的数据质量通常不尽如人意，加剧了问题的难度；尽管遥感数据的并行处理有很大进展，但应急信息的快速提取仍依赖大量人工干预，面临极大的挑战。

(7)传统被动静态服务模式难以适应动态复杂应急任务的需求。主要体现在传感器数据静态加载难以适应复杂应急环境时变、空变的不确定性，面临突发事件，时空信息如何快速聚合服务和按需服务，动态数据驱动的空间信息服务链如何自进化，应急处理信息服务如何自适应满足不同终端、不同用户、不同主题的服务需求等。

4.3.2　灾害遥感快速应急响应的关键技术研究

针对灾害遥感快速应急响应重大需求，在国家重点研发计划项目“区域协同遥感监测与应急服务技术体系”的支持下，我们研究了遥感协同监测应急服务技术体系，突破了应急保障预案、应急服务体系架构、空地资源优化配置、观测资源协同规划与组网传输、快速应急响应模式、遥感快速智能处理技术、遥感协同应急服务等关键技术，开发了空-天-地一体化基础观测网最优配置、空-天-地一体化观测网协同规划、遥感应急信息提取等软件系统，研制了视频卫星在轨处理样机、机载影像实时处理原理样机、无人机遥感数据高速传输硬件等硬件设备，并成功在相关灾害应急响应中得到应用。

针对目前我国遥感应急服务保障相关预案体系不全、内容不细、操作性不强等问题，分析了遥感协同监测应急服务涉及的组织机构、工作机制、业务活动、响应流程、应急任务等体制机制建设中的核心内容，提出了一套编制遥感协同监测应急服务保障预案的方法，具体制作流程如图 4-11 所示，包含 4 个阶段、17 种应急机制、21 类业务活动、6 个流程节点、24 项应急任务；同时提供了数字化应急预案编制工具，以支撑应急指挥系统快速调取预案要素。

遥感协同监测应急服务涉及了组织、业务、数据、技术、应用、标准等多个层次的协同，其运行过程需要大量功能相对独立且具有较强交互性的系统。如图 4-12 所示，针对空-天-地遥感观测和数据缺乏协同支持应急响应的技术服务架构，借鉴美国国防部体系架构(Department of Defense Architectural Framework，DoDAF)与统一体系架构(Unified Architecture Framework，UAF)，设计了遥感协同监测应急服务体系架构，提出了多视角描述方法，研发了 27 个视图产品。

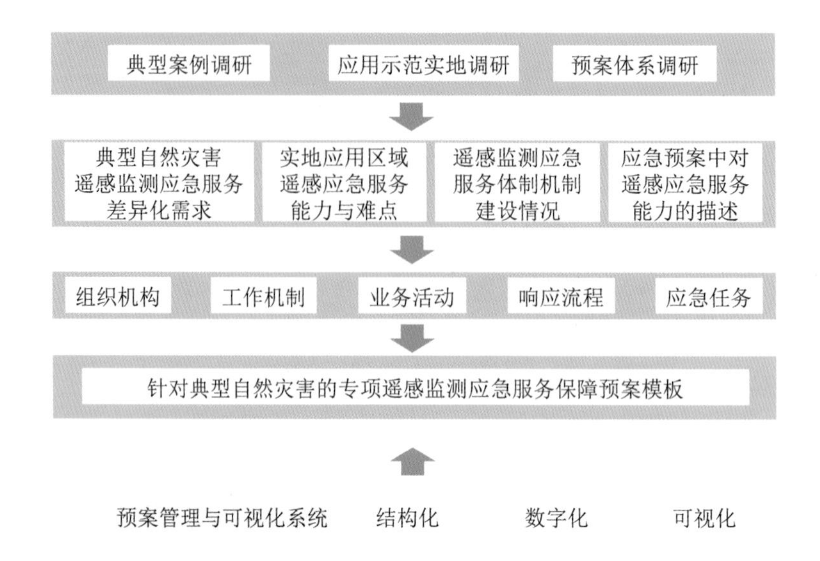

图 4-11 遥感协同监测应急服务保障预案制作

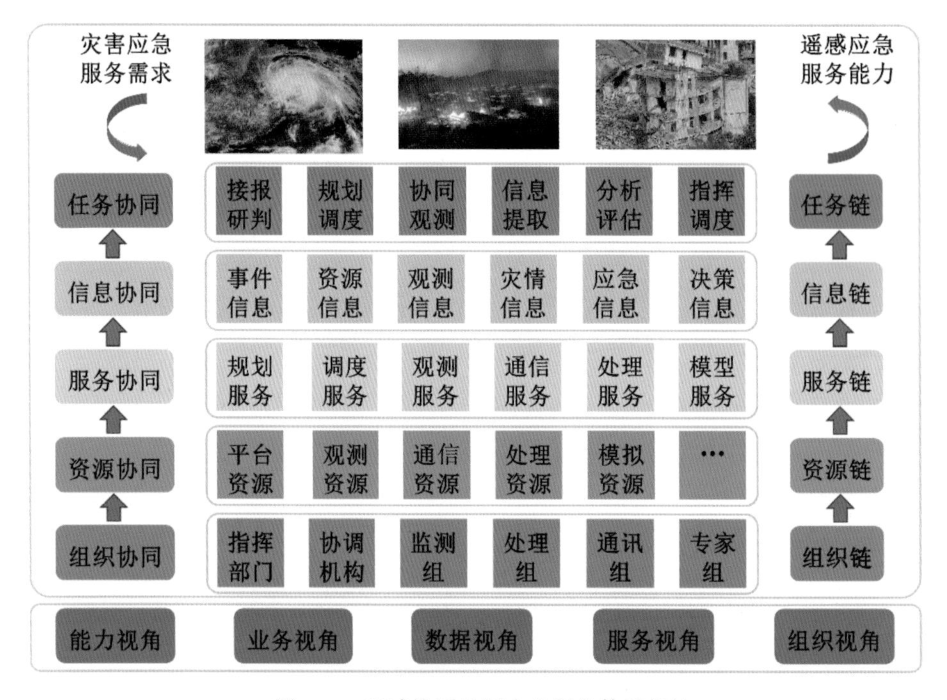

图 4-12 遥感协同监测应急服务体系架构

在总体架构下，为了有效关联应急事件中各种信息、数据和设备等形成空间信息快速服务能力，提出了基于信息链的构建方法，分解各个要素的观测任务和技术指标，建立信息链要素的时空关联模型，描述信息链要素间的动态关系，实现应急响应快速提供资源能力保证，如图4-13所示。

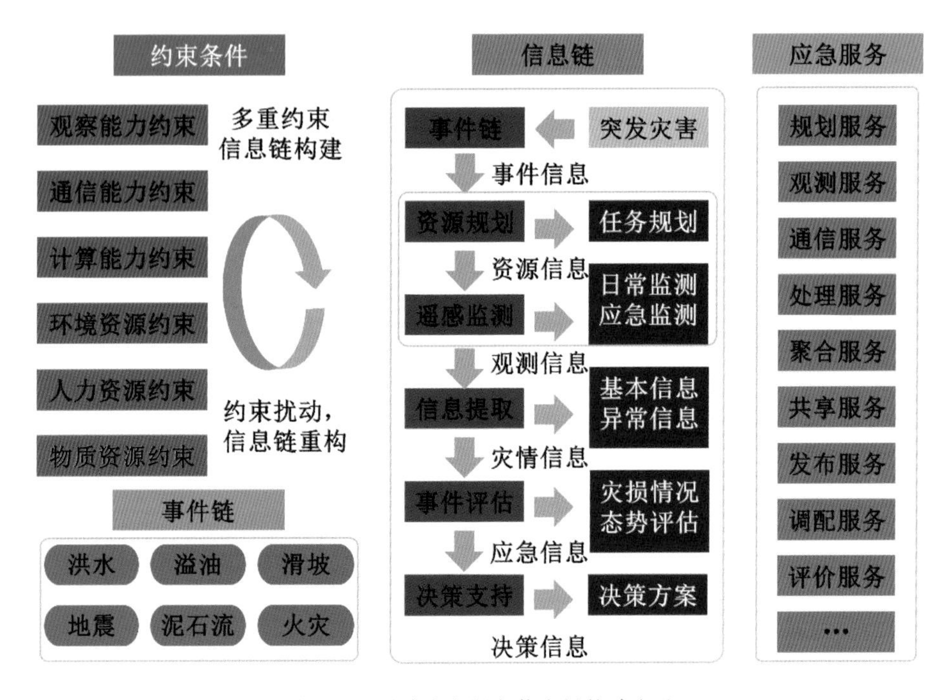

图4-13 遥感应急服务信息链构建方法

针对空-天-地资源协同规划过程中任务需求的复杂性和多类资源的异质性等问题，我们提出了基于三维马尔可夫随机场的应急事件时空概率分布预测方法，刻画了灾害应急事件发生的重点区域；针对观测资源快速响应的能力保证与最小化投入之间的矛盾问题，构建了基于多目标优化的空-天-地一体化遥感观测网的最优配置方法。如图4-14所示，采用风险优化观测资源配置方案，以达到快速响应与投入之间的平衡。通过充分利用卫星、无人机和地面传感器等监测资源，完成基础观测网络的最优配置，实现了满足给定时间内(如2h)应急响应观测资源配置。

灾害应急响应要在规定时间内提供满足用户需求的服务信息离不开观测资源的一体化的规划与通信资源的组网传输。

(1)空-天-地资源协同规划。针对空-天-地资源观测时空尺度不一致导致任务统一分配困难的问题，提出了一种基于智能代理的规划调度思想来解决区域应急服务系统的协同规划问题，并构建了一种基于智能代理的异构空-天-地观测网的协同规划框架，如图4-15所示，通过智能代理的竞争选择机制实现了观测资源统一分配；

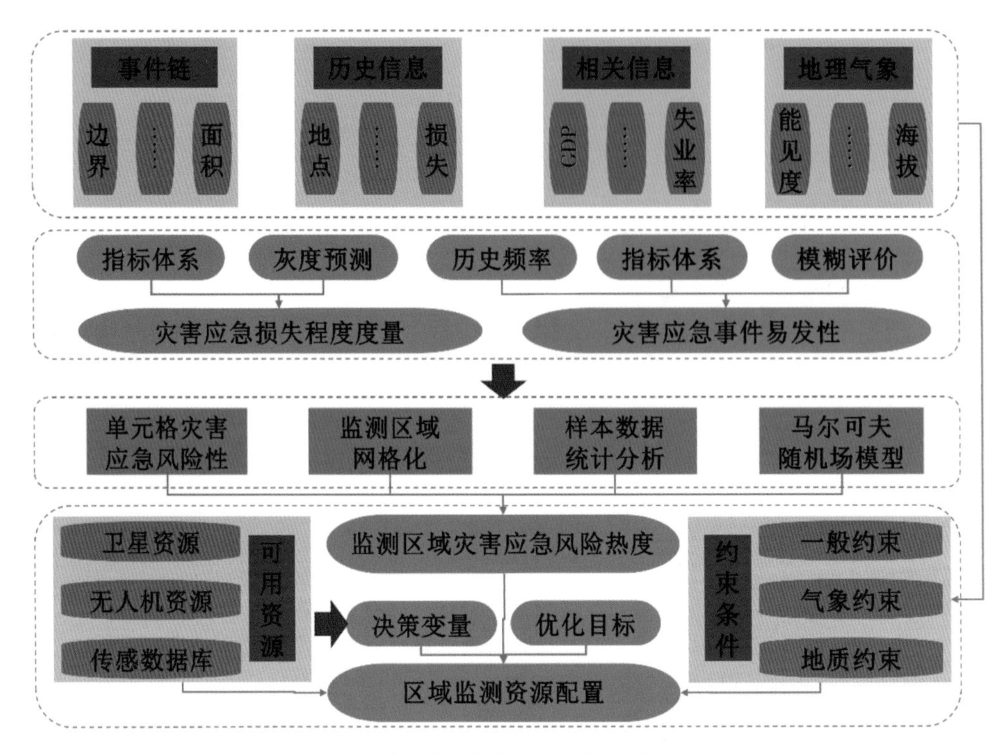

图 4-14　基于灾害风险的观测资源优化配置

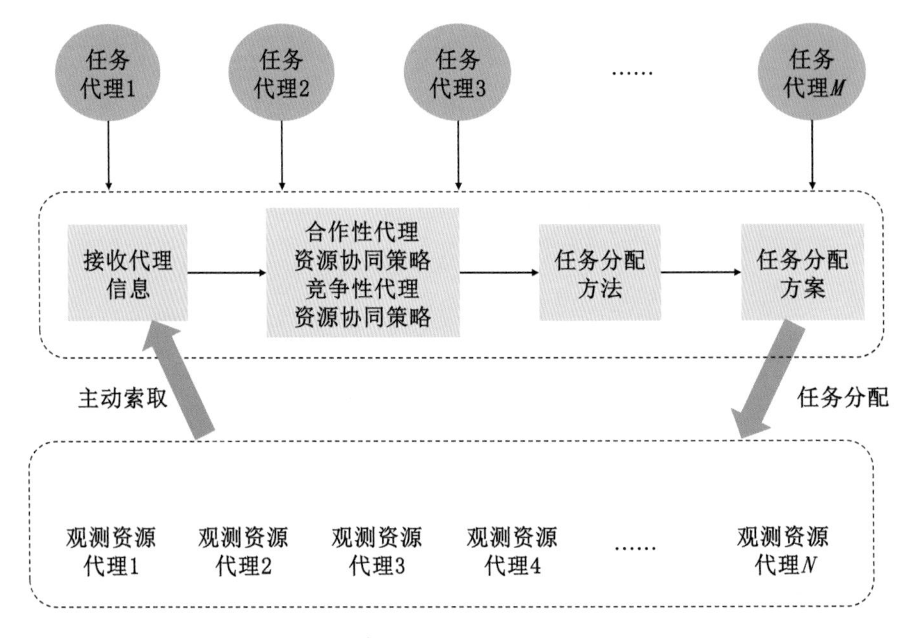

图 4-15　基于智能代理的异构观测资源协同规划方法

针对协同规划过程中资源异构且观测任务时变空变等问题，提出了基于面状任务的异构空-天-地观测资源协同规划方法，其协同效益平均提升比超过39%，解决了复杂性和多类资源的异质性条件下的遥感资源协同规划问题，显著提高空-天-地一体化遥感协同观测效能。

(2)空-天-地应急组网与通信传输。信息服务的载体是通信，针对山区、林区等区域通信基础设施建设较差或发生灾害后通信设施遭到严重破坏的情况，设计了空-天-地应急组网通信方案。在通信传输方面，针对远距离中高速率终端高效化、小型化问题，突破了多核并行处理、高速并行时钟恢复和宽带自适应均衡等关键技术，研制了无人机数据中高速率混合传输系统与高速远程传输系统。如图4-16所示，在通信传输速率、设备重量、功耗等方面，该系统主要指标超过国际现有产品，达到国际一流水平。

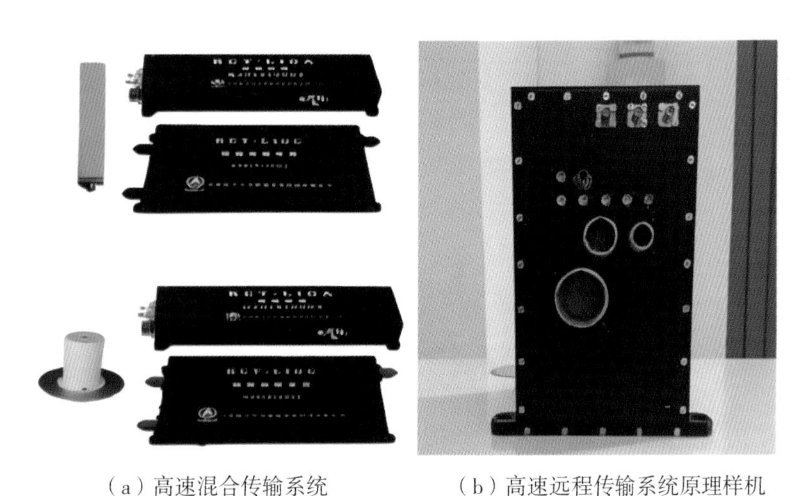

(a) 高速混合传输系统　　(b) 高速远程传输系统原理样机

图4-16　数据中高速混合传输系统与高速远程传输系统原理样机

针对传统的应急遥感数据接收-预处理-专题处理-应急服务割裂、链路过长的问题，我们提出了一种面向应急任务的“边飞-边传-边处理-边分发”的遥感协同监测快速应急响应模式，通过对灾害应急响应的流程进行重设计优化，最大限度地缩短响应链路，如图4-17所示。优化后的链路实现遥感应急数据传输快、数据处理快、信息服务快，突破了传输处理一体化、存算协同一体化、软硬一体化等关键技术，大大缩短了应急响应的流程。这种模式可分为两种：①地面模式，即在地面机动/固定遥感站中，实现了接收-传输-预处理-处理-服务的一体化；②天上模式，即在轨遥感数据接收-预处理-处理一体化。该模式实现了卫星数据分钟级的接收-处理-服务，显著提升了灾害应急响应的时效性。

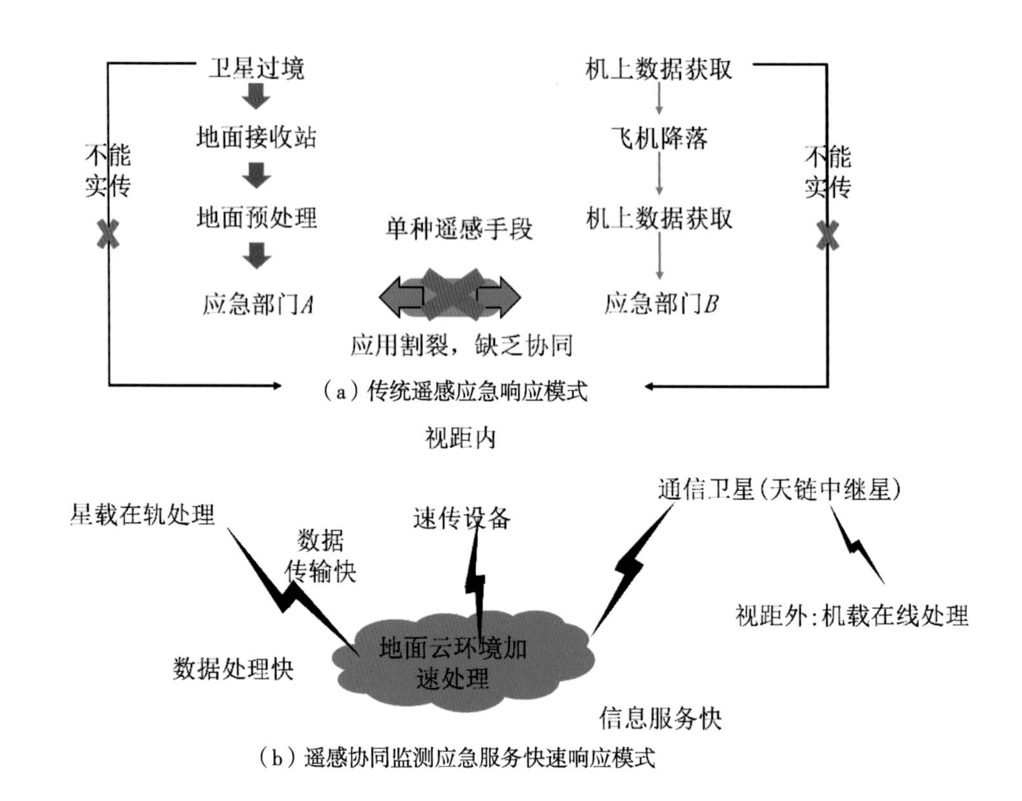

图 4-17 传统遥感应急响应模式与遥感协同监测应急服务快速响应模式

(1)异源遥感数据高精度配准。考虑到应急情况下受天气、环境等影响，需要利用异源影像支持应急服务。针对应急情况下的无人山区异源遥感影像由于成像特性不同造成的成像特性变化大、地形起伏影响大、尺度变化差异大、特征提取不完备等难题，研究适用于多源遥感影像的特征点检测算子，我们提出了一种顾及多特征、多测度的异源影像配准方法，实现了子像素级精度配准，较好地解决了异源遥感数据高精度配准的瓶颈问题。

(2)灾害应急信息提取。针对灾后特定目标的单时相数据难以表征其时间、空间特征的问题，利用时序影像变化分析方法，我们提出了“时-空-谱”一体化处理的全自动三维变化信息提取方法，实现人工目标变化信息高精度提取；针对洪涝期水体在雷达影像上散射特性发生变化，提出一种矢量辅助下基于极化水平集函数的雷达影像洪水异常发现方法；针对灾后影像道路损毁特征复杂多样、检测困难，提出了导航数据辅助下集成粒子滤波和 Snake 模型的图像道路损毁信息提取方法；针对房屋目标损毁类型复杂、需要三维信息提取等问题，提出了基于多视影像的房屋三维损毁提取方法，实现了全方位、立体的房屋损毁信息精确提取。

(3)星载在轨智能处理技术。针对如何缩短遥感响应服务链路，构建了星载在轨处理应急响应技术体系，突破了火点信息自动提取、运动目标监测与跟踪、受限环境高性能处理、轻巧型星上硬件研制等一系列关键技术，我们提出了星上处理能力受限条件下的智能目标信息提取方法，研制了原理样机和工程样机，具备森林火点、船舶等目标自动检测功能。星载在轨智能处理技术实现分钟级甚至秒级的“从传感器到射手”的应用，大大提升了遥感应急信息获取的时效性。

(4)机载应急信息实时处理技术。针对现有地面接收/数据处理/专题处理割裂、机上资源受限、人机视距外传输带宽有限造成无人机数据应急响应时效性差及遥感影像应急信息提取精度差等问题，突破了空-地一体多模态协同应急快速处理、机载光学影像定位与拼接、基于深度卷积神经网络的移动目标检测等关键技术，研制了机载影像实时处理原理样机，如图 4-18(a)所示。

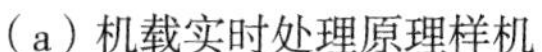

(a)机载实时处理原理样机　　(b)地面快速处理原型系统

图 4-18　机载实时处理原理样机与地面快速处理原型系统

(5)地面海量遥感数据快速处理。针对传统计算机系统在计算速度、输入/输出速度、网络传输速度上存在的种种问题，设计了可扩展式的快速数据处理框架，利用多核中央处理器+图形处理器影像加速处理技术，研制软硬件一体的便携式遥感影像实时处理系统，如图 4-18(b)所示。在形态和结构上实现了小型化，提升了机动性，将软硬件深度耦合，实现了机动处理的硬件加速、软硬件优化的高度集成，提高了海量遥感应急产品处理速度与生产效率。

4.3.3 灾害遥感快速应急响应应用探索

针对突发灾害应急可能面临的地形/气象条件复杂、通信联络差、缺乏现势地图信息等难题，通过遥感保障预案制定与保障机制落实，首次在新疆无人区将卫星、飞艇、无人机、地面终端 4 种手段联合进行一体化观测，将通信、导航、遥感进行有效集成实现了对新疆无人区灾害应急的协同观测与应急通信，完成了突发事件中现场信息和指挥中心的无缝实时对接，实现了应急响应时间从原来的几天缩短到 40min 内的应急数据获取及快速处理，有效解决了“最后 1km”的问题，大幅提升了应急响应效率。

针对如何缩短卫星遥感响应服务链路难题，研制了中国首个业务化运行的遥感应急响应星载在轨智能处理系统。该系统于 2019 年 1 月 21 日搭载“吉林一号”光谱 01/02 星上天在轨运行。2019 年 3 月 21 日，开展了森林火点自主识别应用，从星上在轨处理到地面终端接收到信息共耗时 13s，结果显示湄公河流域发现多处高温火点，经卫星图像人工比对验证结果正确(图 4-19)。与传统的卫星数据落地—预处理—部门间传输—专题处理模式相比，实现了“卫星到用户”由天级/小时级到分钟级的跨越。星载在轨智能处理技术成果在“吉林一号”光谱 01/02 星上的成功试用大大提升了遥感应急信息获取的时效性，为未来卫星遥感实时应急响应开辟了新的模式。

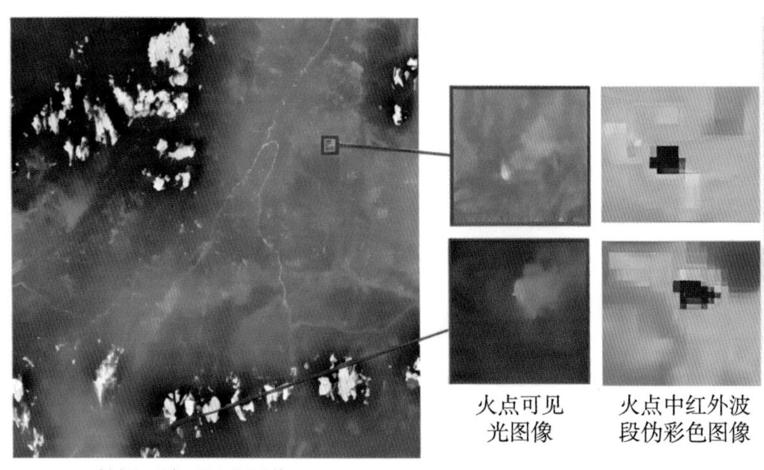

图 4-19 星载在轨处理获得的火点信息

面向空-天-地一体多模态协同应急快速处理的需要，基于研制的机载影像实时处理原理样机，2018 年 6 月在新疆进行了无人机动态数据“边飞-边传-边处理-边分发”在线处理模式的实验，在直接获得纠正影像的同时跟踪了动态目标，实现了无人机数据处理服务由小时级至分钟级的显著提升，实时提取结果如图 4-20 所示。

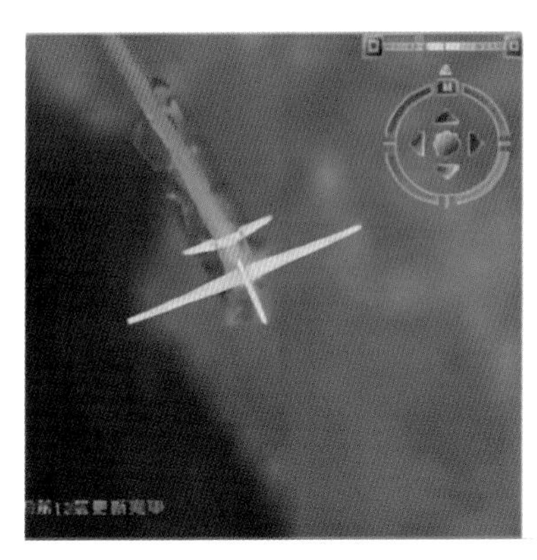

图 4-20　机载实时在线处理实验

此外，面向灾害应急时地面海量遥感数据快速处理的需要，研制了软硬件一体的便携式遥感影像实时处理系统。面向新疆新源县滑坡/堰塞湖等地质灾害、黄海/东海海域浒苔等海洋环境污染突发事件，基于该系统开展了区域无人机影像快速二维拼接、三维建模和灾损信息提取等工作，为快速应急响应提供了核心支撑。

第 5 章 智慧地球复杂环境应急保障

智慧地球使得我们的地球更加物联化、互联化、智能化，其在复杂环境应急保障中也能发挥巨大作用。目前的应急救援措施存在整体协同性不足、技术应用不足、快速响应能力有限等问题。智慧地球可以集成和共享多源、多维度的数据，进行实时监测和分析各类数据，能够为应急保障提供完备的信息支持，建设智慧地球应急保障体系能够提升应急响应的准确性、实时性和协同性，能够有效应对复杂环境中的灾害和紧急事件。本章将介绍通过三种应急场景的主要环境要素，并说明如何通过智慧地球对其进行保障，以及介绍智慧地球复杂环境应急保障体系及构建方式。

5.1 陆地复杂环境探测与保障

陆地是在地球表层除海洋外进行应急的地理空间，是陆军应急任务的主要领域，是军队斗争达成目标的最终地域。陆地环境是由人文环境、自然环境、电磁环境以及核生化环境等多种环境所组成。其中，自然环境包含自然环境要素地貌、气候、水文、土质及生物等要素，自然环境是应急的主要场所，对应急救险有着深刻的影响。本节主要介绍自然环境，分析其对应急行动的影响、制约规律。

5.1.1 陆地复杂环境要素及其对应急的影响

地形是地表自然起伏的形态和地面固定性物体的总称。其中，地表自然起伏的形态称为地貌，地面上固定性的物体称为地物。任何装备的使用和应急救援队的编成，都一定要适应预定战区的地形特点，才能发挥人与装备相结合产生的巨大作用力，陆地诸要素对应急装备和应急平台的影响，在应急装备的设计和制造阶段一般就要考虑其投入地区的地形特点，以做到最佳匹配而发挥其性能。接下来将分别介绍地貌、土壤、植被、陆地水系及城市五类陆地复杂环境要素及其对应急的影响。

1. 地形地貌及其对应急的影响

地形地貌是指地势高低起伏的变化，即地表的形态。其对应急行动的影响，是各种地形要素影响应急行动的复合叠加。本节介绍地形地貌诸要素(山地、平坦地、丘陵地等)及对应急行动的影响。

山地是地表相对高度大于200m的起伏不平地区。山地的特点是地面起伏显著，坡度大，地势险峻；河谷狭窄，两岸陡峭；气候随着山的高度不同而变化；道路稀少，交通不便；地形复杂，人烟稀少。根据表5-1，按照山的绝对高度和相对高差可将山分为极高山、高山、中山及低山。山的高度对应急情况的影响可以是多方面的，随着海拔的增加，山上的气温通常会下降，气候条件也会变得更加严酷。高海拔地区通常氧气含量较低，这可能导致人们在应急情况下面临呼吸困难和缺氧的风险；山地地形通常崎岖不平，道路和交通基础设施可能受到限制或损坏，这可能导致应急救援困难。此外，山区可能缺乏有效的通信网络覆盖，这可能会使救援人员与受困者之间的沟通受到影响；在山区，由于交通困难和地形复杂，应急物资和救援队伍的供应可能受到限制。运送救援物资和设备到高海拔地区可能需要额外的时间和资源；山地环境具有挑战性，救援人员可能需要面对高海拔、陡峭的山坡、深

表5-1 山地分类

山地类别	切割程度	绝对高度/m	相对高差/m
极高山		>5000	
高山	深切割 中等切割 浅切割	3500~5000	>1000 500~1000 100~500
中山	深切割 中等切割 浅切割	1000~3500	>1000 500~1000 100~500
低山	中等切割 浅切割	500~1000	500~1000 100~500

谷和狭窄的通道等困难条件，这可能增加救援行动的复杂性和危险性；在高海拔地区，人们可能会面临高山病的风险，这是由于身体对高海拔环境的适应不足而引起的一系列症状。在应急情况下，高山病可能会加剧受困者的病情。

丘陵地是介于山地与平原之间的一种过渡地形，它的分布不受海拔的限制，无论在高原、盆地或平原间都有分布。根据海拔将丘陵地分类，分类结果和相应的特点见表 5-2。丘陵地区通常具有多样化的地形特征，包括山丘、沟壑、山谷和斜坡等。这些地形的存在可能增加了救援行动的复杂性，使得救援人员在行动中面临更多的挑战。寻找和到达被困者的路径可能较困难，需要更多的时间和资源；丘陵地形可能限制了道路和交通基础设施的建设和通行。狭窄的道路、陡峭的山坡和弯曲的道路可能使得救援车辆和设备的进入和移动受到限制。此外，丘陵地区通常存在通信盲区，信号覆盖不稳定，这可能对救援行动中的通信造成困难；丘陵地区的降雨和水文条件可能导致洪水、泥石流和滑坡等自然灾害的发生。在应急情况下，这些灾害可能会加剧救援行动的复杂性，并增加被困者的风险。此外，降雨引发的道路破坏和桥梁倒塌可能会进一步阻碍救援工作；丘陵地区通常分布着丛林、山林和岩石等自然环境，提供了一些可能的避难处。然而，寻找和利用这些避难处可能需要额外的努力和技能。丘陵地区的资源供应也可能受到限制，如水源、食物和医疗设施等；丘陵地区的地形起伏可能会影响导航和视野，能见度可能受到阻碍，地形的复杂性可能导致人们在丘陵地区迷失方向。这可能增加救援和被困者自救的难度。

表 5-2　丘陵地分类

丘陵地	高程/m	特　点
低丘陵	<900	丘陵密林地形，居民地较多，水系发达
中丘陵	900～3500	同上
高丘陵	3500～5000	有草原、沙漠、戈壁等

平坦地是陆地地表地势平坦，起伏较小的大片区域，根据高程可分为平原和高原。平原地区通常地势平坦，道路网络相对较发达，交通便利。这有助于救援队伍快速到达应急现场，并提供紧急救援和物资运输；平原地区一般不受地形限制，通信信号较稳定，有助于救援人员之间的沟通和指挥；平原地区通常人口密集，医疗设施、救援资源和紧急物资供应相对充足，可以更快地提供急救和支持。高原地区海拔较高，氧气含量相对较低，可能会导致救援人员和被困者面临高原反应和缺氧

的挑战，救援行动需要额外的注意和适应措施。高原地区地形复杂，山脉、峡谷和陡峭的山坡较多，交通和道路建设相对困难，这可能增加救援队伍到达现场的时间和困难，并需要特殊的交通工具或技术；高原地区气候多变，温差大，天气突变频繁，这可能增加了救援行动的复杂性，并对救援人员和被困者的安全产生影响。高山应急救援现场如图 5-1 所示。

图 5-1　高山应急救援图

2. 土壤及其对应急的影响

土壤是指覆盖于地球表面基岩以上一定厚度的物质，是支撑地面建筑物的基础，是应急行动的载体，也是工程构筑的基本材料，其质量(也称土质)的不同，对不同的应急行动有不同的影响。土壤中土质的粒度及其含量将直接影响土壤的物理性质，如土壤和土质的孔隙性、含水性、渗水性、压缩性、抗剪性和扬尘性等，从而对土壤的应急装备通行状况条件，以及因扬尘而造成的能见度变化等产生作用和影响。

土质影响应急部队越野机动。对于沙质土质，如沙漠，人员在沙漠中徒步行进最大时速 1. 5~2km，且持续行军难度大。轮式车辆在沙漠中基本不能通行，在较硬的平沙地上虽能勉强行驶，但速度近于徒步，且随时有陷车的可能，需准备自救器材，耗油量为硬土质的2~3倍。履带式车辆虽可机动，但在沙漠中附着力低，时速只有9~12km，爬坡能力15°~18°，耗油量增大近1倍。且在沙漠中运行沙尘大，车辆故障多。

对于砂砾土质，如戈壁，轮式车辆在硬戈壁越野行驶，时速可达10~15km，在软戈壁只有5~7km，油料消耗增大近30%。石块地，多位于海拔较高的地区，岩石受冰冻与风化作用发生崩裂而形成。在石块地，应急队员运动困难，速度慢，爬坡时既容易下滑，又易发生事故。轮式车辆在石块地上的机动时速约为15km，轮胎易被割裂；履带式车辆的履带和机件易被磨损，油料消耗稍大，爬坡能力降低。

对于盐碱地，底部潮湿、泥泞，通行困难。但干旱地区的盐碱地，地表为白色，土质松软而不滑，一般尚可通行，但时速慢，且应警惕个别地方易陷车。

对于龟裂地，多见于戈壁滩和有黏性土的地区。因人烟稀少、气候干燥而得以长期保存。表面平坦、土质坚硬，利于机动。

土质不同的化学成分和物理性质，具有不同的波谱特性和感生核辐射的能力(一般来说，黏土、亚黏土、盐渍土的感生辐射大，砂土、黑壤土的感生辐射小)。

3. 植被及其对应急的影响

植被，主要以不同的群落，对应急行动产生影响。所谓植物群落，是指在一定的环境中，一定植物种类的有规律组合。浓密的植被如森林、丛林或灌木丛可能阻碍救援人员的行进和通行，增加搜救行动的困难和时间，救援人员可能需要清理道路或使用适当的工具来穿越植被；高密度的植被可能限制视野，使得救援人员在搜索和定位被困者时面临困难。植被下的可见性较低，可能需要依赖专业设备(如红外线、热成像或无人机)来辅助搜索和救援；某些类型的植被，如森林或丛林，可以提供遮蔽和庇护，为被困者提供保护。植被可以减轻极端气候(如高温或寒冷)的影响，提供遮阳或防止风雨侵袭。森林救援现场如图5-2所示。然而，在救援行动中，可能需要穿越或移除植被，以便到达被困者；某些植被类型，如干燥的森林或草原，可能存在火灾风险。火灾可能会导致应急情况变得更加复杂和危险，救援行动可能受到烟雾、火势和火线的阻碍。此外，火灾可能引发灾后恢复和后续救援行动。某些植被类型可能提示有水源，如河流、湖泊或湿地周围的植被。在应急情况下，这些水源对于救援人员和被困者来说可能是生命保障。一些植被也可能提供野生食物资源，有助于被困者生存和救援行动延续。在应急行动中，救援人员需要根据具体情况评估植被对行动的影响，并采取相应的措施。这可能包括植被清理、导航技巧、使用适当的装备和工具，以及考虑植被的利弊，从而最大程度地利用植被来发挥相应的作用。

图 5-2　丛林救援图

4. 陆地水系及其对应急的影响

陆地水系包括河流、湖泊、沼泽、地下水、冰川等要素。河流是指在重力作用下，集中于地表凹槽内的经常性或周期性的天然水道的统称。湖泊是陆地上面积较大的有水洼地，是湖盆、湖水和湖中物质相互作用的自然综合体。湖泊是地表水的组成部分之一，它有独特的性质，如水流缓慢、水的交替时间长、与海洋没有直接的水分交换、受陆地环流影响较大。湖水运动受湖盆形状制约，有独特的生物化学过程等。地势低洼，土壤被水浸透，水草丛生的泥泞地区叫作沼泽，沼泽地面长期处于过湿状态，或滞留着微弱流动的水，生长喜湿和喜水植物，并有泥炭积累。水库是由人工改造或修建水工建筑物而形成的、具有一定容积和用途的水量交换缓慢的水体，简言之，是大量蓄积水的人工湖。水库与湖泊有许多相似之处。埋藏在地表以下、存在于岩石和地表松散堆积物的孔隙、裂隙及溶洞中的水统称为地下水。地表长期存在并能自行运动的天然冰体称为冰川，它是由固体降水经多年积累而成。

水系可能成为救援行动中的障碍物。河流、湖泊或沼泽可能阻断救援人员前进的路径，需要寻找桥梁、渡船或其他交通工具来穿越或绕过水域。在洪水等情况下，水系可能更加危险且难以通过；水系可能限制了救援队伍和救援工具的行动。

没有适当的交通工具或桥梁可以跨越水系时，救援人员需要寻找替代的路线或采取船只等特殊工具进行救援，这可能增加救援行动的时间和复杂性。陆上水系提供了水上救援的机会。救援人员可以使用船只、救生艇或其他水上交通工具进行救援行动。这对于水域附近的应急情况，如溺水、水灾等，提供了一种有效的救援方式。

水系可能存在某些高风险区域，如急流、瀑布或漩涡等，这些区域可能对救援人员和被困者构成危险，需要谨慎处理。在水上救援行动中，救援人员需要具备相应的技能和装备，确保安全救援。

水系也提供了重要的供水和水源。在应急情况下，水系可以为被困者和救援人员提供饮用水、灭火用水等资源。然而，同时也需要注意水质和污染问题，确保饮用水安全。

陆上水系对应急救援行动具有多方面的影响。它们可能阻碍行动、限制交通、提供水上救援机会，但也存在高风险区域和水质问题。在应急救援中，需要充分考虑水系的特点，并制定相应的应对策略和措施，以确保救援顺利进行。

5.1.2 陆地复杂环境探测关键技术

智慧地球的建设，使应急救援场上的每个装备都成为感知器官。部署在救援场中的各种传感器通过物联网技术能够快速、准确地获取复杂中的整体信息。在陆地救援的信息感知包括应急平台自行感知周围环境，以及救援场内外传感器、卫星系统进行信息的获取感知。应急平台的位置姿态通过卫星定位系统与基站定位，同时结合救援场中无线传感网络进行相互补充，得到准确、实时的位置与姿态信息。我国北斗的发展迅速，被广泛应用于应急救援当中。在应急平台中还有大量传感器，温度、压力、速度等传感器可以感受自身状态，搭载视觉传感器与激光雷达的无人应急平台，可以快速得到准确地形信息。无人应急平台装备的声呐、红外、微波雷达可以观测复杂的装备设置。此外，卫星系统可以得到应急场中的遥感影像，应急场中的传感器设备可以进行应急救援信息的细节补充，陆地救援环境信息感知示意如图 5-3 所示。

对于各设备得到的感知信息，要进行信息的综合得到复杂环境的全面信息，才能对复杂环境有清晰全面的认知。通信技术是各设备交流的途径，对于救援的复杂场景，各种不同的设备需要使用相应的通信方式才能保障高效安全的信息传输。对于短距离的传感器之间的通信，使用无线射频技术、蓝牙、无线保真技术（Wireless

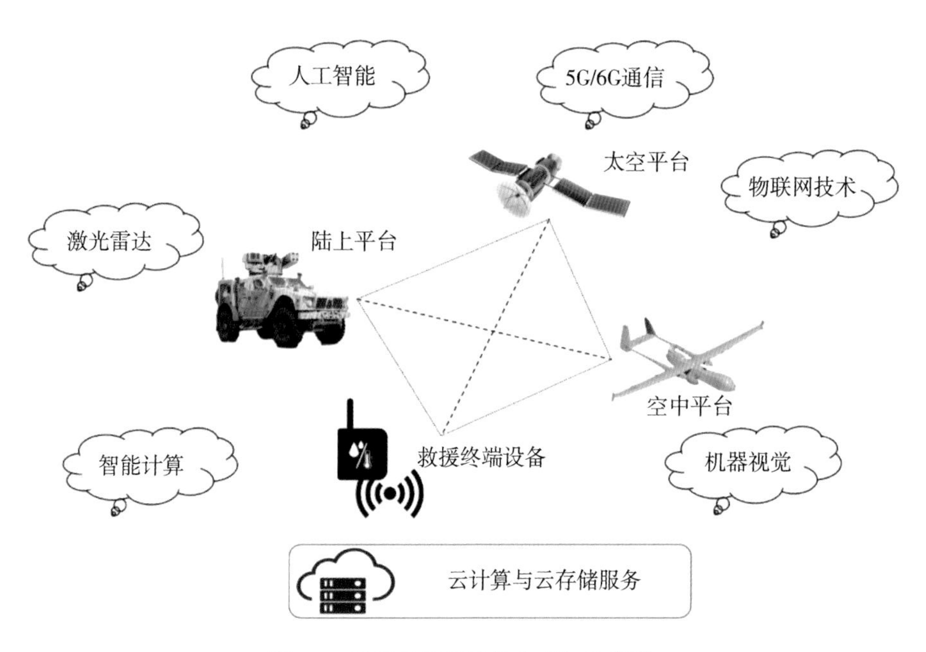

图 5-3 陆地救援环境信息感知示意图

Fidelity，Wi-Fi）等（李琨，2021）。对于远距离的设备之间的信息传输，使用卫星通信、5G/6G 等。对于信息传输要具备抗电磁干扰能力，同时要进行通信的干扰。

对于陆地复杂环境的探测技术包括遥感技术、激光扫描技术、地磁探测技术等技术。遥感技术利用卫星、航空器或其他传感器获取地表信息。它可以提供高分辨率的图像和数据，用于识别地形、植被、水体、土壤类型等要素。常用的遥感技术包括卫星影像、航空摄影、激光雷达等。激光扫描技术使用激光束扫描地面，通过测量激光束的反射时间和强度来获取地形数据。它可以提供高精度的地形模型和三维点云数据，用于地貌分析、地下水勘探等。地磁探测技术通过测量地球磁场的强度和方向来获取地质信息。它可以用于探测地下矿藏、地下水位、地下构造等。地磁探测常用的设备包括磁力计和磁力计阵列。雷达技术利用电磁波的反射和散射原理来获取地表和地下目标的信息。它可以用于探测地形、地下结构、水体等。常见的雷达技术包括合成孔径雷达（SAR）、地质雷达、地下雷达等。全球定位系统（GPS）通过卫星信号来确定位置坐标，可以提供准确的地理位置信息。GPS 技术常用于导航、地图绘制、地表变形监测等应用。无人机搭载各种传感器和相机，可以在复杂地形环境下进行低空遥感、航拍和地形测量。无人机可以快速获取高分辨率图像和数据，用于地貌变化监测、灾害评估等。

5.1.3 陆地复杂环境应急保障

陆地复杂环境应急保障主要是通过以智慧地球为基础构建的复杂环境应急保障体系，利用物联网、遥感、人工智能等技术为陆地应急救援提供复杂环境信息，从而使应急救援人员能够顺利展开应急救援等任务。

(1)情报获取和分析：陆地救援保障系统能够感知和观察陆地复杂环境中的各种信息，包括灾害现场情况、人员分布、地形地貌等。通过收集和分析这些情报，救援人员可以更好地了解灾害情况，作出准确的决策和规划救援行动。

(2)风险评估和安全保障：系统的感知和观察功能可以帮助评估救援环境中的风险因素，如道路状况、隐患点、潜在威胁等。这有助于制定安全策略和措施，确保救援人员在执行任务时的安全性。

(3)导航和路径规划：在复杂的陆地环境中，救援行动需要有效的导航和路径规划。陆地救援保障系统可以通过感知和观察获取地理信息和地形数据，并提供实时的导航指引和路径规划，使救援人员能够快速到达目的地，避免迷失或遇到障碍。

(4)搜救和定位支持：在灾害发生后，可能有被困人员需要救援。陆地救援保障系统的感知和观察功能可以帮助定位被困者的位置，提供准确的搜救支持，从而加速搜救行动的展开，提高生命救援的成功率。

(5)情境感知和决策支持：在复杂的救援环境中，救援人员需要快速作出正确的决策。陆地救援保障系统的感知和观察能力提供了更全面的情境感知，为救援人员提供实时信息和数据，以支持决策制定和行动执行。

5.2 海洋复杂环境探测与保障

海洋是应急救援必须考虑的复杂环境，海洋环境复杂多变，存在各种自然灾害和人为事故的风险。清楚海洋复杂环境要素，做好应急保障能够为应急胜利提供基础保障。本节首先介绍海洋复杂环境要素及其对应急救援的影响，接着分析探测海洋复杂环境的关键技术及如何做好应急救援保障。

5.2.1 海洋复杂环境要素

应急救援海洋环境是指与应急救援活动相关的海洋空间的状况。这里所说的海洋空间，不仅指海洋本身，还包括相关的海峡、岛屿及沿海陆地。所以，应急救援海洋环境包含三个层次：一是自然地理环境，主要指海洋的地貌形态及地理特征；二是海洋物理环境，主要指海洋物理要素特征；三是海洋大气环境，主要指海面大气运动特征。其各自包括内容如图 5-4 所示。

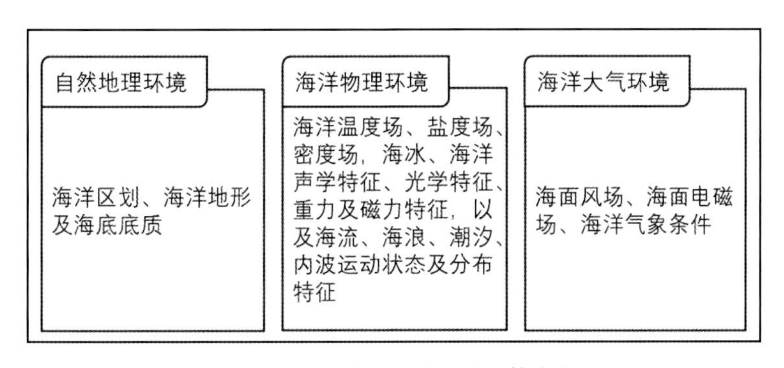

图 5-4　应急救援海洋环境具体内容

1. 自然地理环境

海洋自然地理环境是指海洋的地形、地貌和地球表面特征等自然因素。包括海岸线、海滩、海洋地形和地貌、潮汐和海流及海底地质等多种因素，其因素特征会对救援带来各种未知的影响。

海岸线和海滩是海洋与陆地相交的区域，常常是救援行动的重要场所。海岸线的形态和地貌将决定救援人员进入海洋的路径和方法。海滩的特征如坡度、沙质等将影响搜救行动的速度和效率。不同类型的海岸线和海滩可能需要不同的救援策略和工具。海洋地形和地貌是海洋底部的物理特征，如海山、海沟、海底峡谷等。了解海洋地形和地貌有助于确定救援行动的路径和位置，避免障碍和危险。在搜救行动中，海底地形和地貌信息可以帮助确定搜救区域和定位被困人员的可能位置。潮汐和海流是海洋中的水动力学现象。它们的变化对于救援行动具有重要影响。了解潮汐和海流的规律可以帮助规划救援行动的时间和路线，避免被不利的水流条件所困扰。同时，在搜救行动中，利用海流信息可以追踪漂流物、寻找失踪人员或船只，提高搜救效率。海底地质包括海床的岩石、沉积物和地质构造等。海底地质的了解对于救援行动中的搜救、打捞和工程作业至关重要。了解海底地质可以避免救援人员遇到不稳定的海底地质条件，选择适当的救援装备和技术，确保救援行动安全、成功。

2. 海洋物理环境

海洋物理环境是指海洋中的物理特征和现象，包括海水运动、海流、海浪、海水温度和盐度等因素。海洋中温度、盐度及密度等特性在垂直方向上的变化是非线性的。这些要素在某些深度内的变化很小，形成均匀层；而在某些深度上却变化很大，这种海洋环境参数的垂直梯度呈现迅速变化的水层就称为跃层。海洋跃层影响着潜艇的运动，主要是海水提供的浮力与其自身重力的关系产生的影响。海洋物理环境对应急救援行动产生着重要的影响。

海水运动包括水平流和垂直运动，而海流是指大规模的水平流动。了解海水运动和海流的规律对于应急救援行动至关重要。它们决定着搜救区域的范围和可能的漂流路径，帮助确定搜救行动的方向和速度。同时在救援行动中，利用海流信息可以追踪漂流物、寻找失踪人员或船只，提高搜救效率。海浪是由风引起的水面波动。海浪的高度、频率和方向对应急救援行动具有重要影响。恶劣的海浪条件可能影响船只的稳定性和安全性，限制救援船只和搜救设备的操作。因此，在规划救援行动时，需要考虑海浪的情况，选择适当的救援船只和设备，确保救援行动的安全性和效率(海洋救援示意如图 5-5 所示)。海水温度和盐度是海洋的重要物理特征。它们对于应急救援行动具有多重影响。首先，海水温度和盐度的变化可能影响被困

图 5-5　海洋救援示意图

人员的生存能力和体力状况。其次，了解海水温度和盐度的分布情况有助于确定救援行动的范围和可能的搜救区域。此外，在打捞和救援设备的选择和操作中，海水温度和盐度的信息也是重要考虑因素。海洋中的声音传播具有独特的特性，包括声速、声呐传播和声呐回波等。了解海洋的声学特性对于救援行动中的声呐搜救、通信和定位至关重要。它们可用于探测潜在的失踪人员或船只的位置，提供重要的救援信息。

3. 海洋大气环境

海洋大气环境是指海洋上空的大气层及其相关气象现象，包括气温、气压、湿度、风速和降水等因素。海洋中的风是由大气环流系统引起的。了解风速和风向对于应急救援行动至关重要。强风和恶劣的气象条件可能对救援船只和搜救设备的操作产生不利影响，限制救援行动的安全性和效率。因此，需要根据风速和风向合理安排救援行动的时间和路径。海洋大气环境中的气温和湿度对救援行动的影响也很重要。极端的气温条件可能影响被困人员的生理状况和体力消耗，需要采取相应的救援措施，如提供适当的防寒或防暑设备。湿度的变化可能影响救援设备的性能和可靠性，需要对设备进行适当的保护和调整。海洋大气环境中的降水和天气状况对应急救援行动产生直接影响。强降雨、雷暴和浓雾等恶劣天气条件可能限制救援船只和搜救设备的视野和操作能力，增加救援行动的风险和困难。因此，在规划和执行救援行动时，需要密切监测天气状况，及时调整行动计划，确保救援行动的安全和顺利进行。海洋大气环境中的气压变化和气象变化对于应急救援行动也具有影响。气压的变化可能与风力、风向和天气的变化相关，需要对其进行监测和分析，以便合理判断和调整救援行动的计划和策略。此外，气象变化如气旋、台风等可能会带来恶劣的海洋条件，需要提前做好准备，并采取相应的措施来保障救援行动的安全性和成功率。

海洋大气环境对应急救援行动具有重要影响。了解风速、风向、气温、湿度、降水和天气状况等因素，可以帮助规划和执行救援行动，确保救援人员的安全，提高救援效率和成功率。同时，密切监测气压变化和气象变化，及时调整行动计划，保障救援行动顺利进行。

5.2.2 海洋复杂环境探测关键技术

通过智慧地球复杂环境应急保障体系对海洋复杂环境进行探测的关键技术，主要有海洋调查和卫星海洋遥感获取两种。

1. 海洋调查

海洋调查是通过各种仪器设备来对海洋的物理学、化学、生物学、地质学、地貌学、气象学等状况及其他海洋信息进行直接或间接调查研究的手段。海洋调查通过在选定的海区、测线和测点上布设和使用适当的仪器设备，获取海洋环境要素资料，揭示并阐明其时空分布和变化规律，为海洋科学研究、海洋工程建设、海洋灾害预防等提供基础资料和科学依据。由于海洋中发生的现象是多种多样的，所以综合性的海洋调查应该包括海洋水文观测、海洋气象观测、海洋化学要素的测定、海洋地质调查及海洋生物调查等多方面的内容。

海洋水文观测是综合性海洋调查中最基本的组成部分，其具体任务是对海洋物理过程及海洋水文诸要素间的相互作用所反映的现象进行观测，并研究其测定方法，阐明产生这些现象及引起它们变化的原因，为海洋科学的研究与应用提供资料。观测项目一般包括：水深、水温、盐度、海流、波浪、水色、透明度、海冰、海发光等。海洋水文要素及与之有关的气象要素的观测结果通常编制成观测报表，并经过整理分析，用以绘制各类海洋水文要素图和建立海域中各种水文要素的分布状况及变化规律的数据库。海洋水文观测是研究海洋水文现况的基础，与军事活动关系密切，因此接下来着重介绍以海洋水文要素观测为主的海洋调查。

海洋水文观测方式主要有海滨观测和海上观测两种。如今，由于遥感技术和深潜技术的发展，又采用了气球、飞机、浮标和潜水器等工具进行空中和水下观测。观测项目除常规观测外，还有漩涡、污染物质、海水异常、海底和海洋中的各种特征值的变化过程等。

海滨观测是指在海滨的固定地点所进行的水文观测。海洋水文站网，又简称海洋站网，是进行水文气象各要素的定时观测及给有关单位提供危险性水文气象预报的资料信息的。海洋水文站网是各海滨水文站及长期在海上进行观测的天气船、浮标站等组成的结构。其中海滨水文站是进行海滨观测的测站。海洋台站的观测工作，受天气影响较小，从而保证了资料的连续性和长期性。但台站观测只能反映近岸海区的局部情况，而无法阐明整个海域的水文特征，如波浪在接近岸边时要发生剧烈的变形，海滨处的海水温度与外海也有明显不同。

海上观测是指在海上以空间位置固定或活动的方式进行的水文观测。根据海上观察精度的要求所布设的测点，叫作海上观测点(站)。目前，较常用的海上观测方式主要包括大面观测和断面观测。大面观测是指为了解某海区的水文要素分布情况和变化规律，在该海区布设若干个测站，在一定的时间内对各站观测一次。大面观测时间应尽可能短，以保证调查资料具有良好的同步性。大面观测站的站点布设位置一般按直线分布，由此直线所构成的断面叫作水文断面。为了获得铅直方向上海洋热力结构等方面的信息，对水文断面进行的观测称为断面观测。水文断面的位置一般应垂直于陆岸或主要海流方向，它的密集程度和站距一般在近海岸线区域需要密些，外海深水区域可稍疏些。

随着自记仪器、遥测浮标站、航空遥测技术和深潜技术等的发展和应用，现代海上观测多倾向于采用多艘调查船和海洋水文气象浮标排列成各种形式的大面同步连续观测。卫星、飞机、气球、海面的调查船及水下的观测浮标和潜水器等技术的不断发展使得全球性立体观测体系日趋完善。

2. 海洋遥感

卫星海洋遥感是指由卫星携带遥感设备，利用电磁波与大气和海洋的相互作用原理，以海洋及海岸带作为监测、研究对象的遥感(樊旭艳等，2020)。海洋遥感涉及物理学、海洋学和信息科学等多种学科知识，并包含空间技术、光电子技术、计算机技术、通信技术等多种技术，包括物理海洋学遥感(如对海面温度、海浪谱、海风矢量和全球海平面变化等的遥感)、生物海洋学和化学海洋学遥感(如对海洋水色、黄色物体和叶绿素浓度等的遥感)、海冰监测(海冰类型、分布和动态变化)及海洋污染监测(如油膜污染)等。

海洋遥感数据可以提供灾害监测和预警的关键信息。通过监测海洋温度、海洋表面风场、气象系统和气旋等，可以提前发现和追踪可能导致海洋灾害(如风暴、台风、海啸等)的天气和气候事件。这样的预警系统可以帮助应急机构和当地居民及时作准备，采取适当的措施，从而减少灾害的影响和损失。在灾害发生后，海洋遥感技术可以提供高分辨率的影像和数据，用于灾后评估和监测。通过获取海洋区域的卫星图像或航拍影像，可以实时了解灾区的情况、损害程度和变化趋势。这些信息对于灾后救援的决策制定、资源调配和灾区恢复重建具有重要指导作用。海洋遥感技术可以辅助人员定位和搜救行动。通过使用高分辨率卫星图像或无人机影像，可以搜索和定位海上遇险或失踪的船只、飞机和人员。这种技术可以提供广泛的搜索区域覆盖和快速的信息获取，帮助救援人员准确定位目标并迅速采取行动。海洋遥感技术可以用于海洋交通监测和导航支持，提供船舶航道、海洋交通状况和危险区域的信息。这对于应急救援船只和飞机的航行安全至关重要，可以帮助规划最安全、最高效的航线，避免潜在的风险和危险，图 5-6 展示了进行海洋遥感监测的海洋卫星。

海洋遥感在应急救援中起着重要的作用。它可以提供灾害监测和预警、灾后评估和监测、人员定位和搜救，以及交通监测和导航支持等关键信息，帮助应急机构和救援人员更加高效、准确地应对海洋灾害和紧急情况，保护人民生命财产安全。

图 5-6 海洋卫星

5.2.3 海洋复杂环境应急保障

智慧地球技术为海洋应急救援复杂环境保障提供了强大的数据支持。通过海洋遥感、卫星观测、传感器网络和海洋大数据等技术手段，可以实时获取海洋环境的丰富数据。利用人工智能、大数据分析和机器学习等技术，挖掘海洋环境数据中的规律和模式，从而应急救援人员能够顺利展开应急救援等任务。海洋复杂环境应急保障主要体现在以下几个方面。

(1)提供准确的环境信息：海洋环境常常具有复杂性和多变性，包括海洋地理环境、物理环境和大气环境等。通过感知监测这些复杂环境，可以获得准确的环境信息，包括海洋地形、潮汐、海流、海洋温度、盐度、风速、风向等。这些信息对于应急救援的决策制定和行动计划至关重要。

(2)提前预警和风险评估：海洋复杂环境感知监测可以提供海洋灾害的预警和风险评估。例如，通过监测海洋物理环境和大气环境，可以预测台风、风暴潮、海啸等灾害的发生和发展趋势，提前做好应急准备工作，并及时采取必要的避险和救援措施，最大限度地减少人员伤亡和财产损失。

(3)确定最佳行动方案：海洋复杂环境感知监测可以为救援行动提供关键的信息和数据支持，从而帮助确定最佳的行动方案。例如，通过获取海洋物理环境和地理环境的数据，可以确定救援船只或飞机的航线规划、速度控制和避险策略，确保救援行动安全、高效。

(4)提供决策支持和资源调配：海洋复杂环境感知监测可以为应急救援的决策制定和资源调配提供支持。通过了解海洋环境的变化和情况，可以快速评估灾情的严重程度和影响范围，合理安排救援资源的调配和分配，确保资源的有效利用率，最大程度地提供救援援助。

5.3 天空复杂环境探测与保障

天空应急救援是指在航空领域发生紧急情况时，通过组织和实施救援行动，保障飞行器上的乘客和机组人员的生命安全，并最大限度地减少财产损失和环境影响。同时对于天空复杂环境，应实施不同于其他环境下应急救援的主要路径，因此天空复杂环境的保障至关重要。本节首先介绍了天空复杂环境的主要要素，接着阐述了天空复杂环境探测的关键技术，最后说明了基于智慧地球复杂环境应急保障体系，如何对天空复杂环境进行保障。

5.3.1 天空复杂环境要素

天空复杂环境主要是大气，大气的密度、温度、压强、湿度及其运动特性等环境要素对武器装备性能和部队的应急行动有着重要的影响。虽然现代化的救援越来越强调全天候、全天时的应急能力，但只有熟悉大气环境，并设法克服或减少大气环境的影响，救援人员才能更加及时进行援救，提高应急的效能。因此，本小节主要介绍地球大气及其对应急行动的影响。

地球大气包含多种气体和悬浮于其中的固体或液体粒子。在地球大气的气体成分中，水汽是最重要、最活跃的组成部分，它不但造成云雨雷电、天气变化，而且在地球的生态系统中起着重要作用。通常，根据物理和化学性质的差异，将大气分成三个部分：干洁大气、水汽和悬浮的气溶胶粒子。干洁大气，简称干空气，是水汽以外的纯净大气。水汽在大气中较活跃，但在大气中仅占 0.1%～3%。气溶胶包含悬浮在气体中的固体和(或)液体微粒与气体载体。

对于大气状态的描述主要包括压强、温度、密度、湿度等参数。大气在水平方向分布比较均匀，但是在竖直方向具有较明显的层次分布，是因为地球自转及不同高度大气对太阳辐射和地面辐射吸收程度的不同。根据大气的温度变化、组成成分、电离状况等特征，可以沿垂直方向将地球大气分为若干个气层。按照大气温度进行分层，可以将大气分为对流层、平流层、中间层、热层以及外大气层；按照大气成分分层，可以分为匀和层和非匀和层。按照电离程度，高层大气按是否电离分为电离层和中性层。

大气对穿越其中的飞行器会有气动力和气动热的作用，对长期在其中飞行的航天器还会产生显著的化学作用。大气的流动，也就是风，会影响飞机的性能，还可能影响飞行的安全。飞机依靠它与空气有相对运动时产生的气动升力 Y 来克服地球重力 G 的影响，从而实现飞行。大气在产生升力的同时，还会产生阻碍飞行的气动阻力 X，因此飞机还必须有发动机产生的推力 P 来克服阻力的影响，才能实现长时间的远程飞行。此外，天气状况对于空中救援行动至关重要。恶劣的天气条件如强风、雷暴、大雾、冰雹等可能影响飞行器的安全性和可见度，限制救援飞机的起降能力和飞行性能。此外，强风、气流和气象现象也可能对救援操作和空中搜寻行动产生挑战。

5.3.2 天空复杂环境探测关键技术

在智慧地球复杂环境应急保障体系中，对于天空复杂中的主要要素大气探测主要有直接探测和遥感探测，观测的要素包括气温、湿度、气压、地温、降水、风向、风速、云、能见度、日照、辐射、积雪等天气现象。

直接探测是将感应元件置放于测量位置上，直接测量大气要素的变化：根据元件的物理、化学性质受大气某种作用而产生反应的特点，构成直接探测原理。例如，电阻温度表在大气中，元件与大气进行热交换，从而取得该处大气的温度状态。遥感探测原理是根据大气中声、光、电等信号传播过程中性质的变化，反演出大气要素的时空变化。例如，透射式能见度仪，是利用光波在传播过程中的衰减程度确定出当时的能见距离。

遥感探测又可以分为主动遥感和被动遥感两种方式。主动遥感设备具有声、光、电磁波发射源，它在吸收、散射、反射后形成带有大气特征的回波信号，最典型的设备是测云雨雷达；被动遥感则是直接测量来自大气的声、光、电磁波信号。

同一种气象要素的测量，随其探测原理的差别，其仪器性能将有很大的差别。例如，同样是测量地表温度，可以将温度表放置在地表面上直接测量，也可以利用红外辐射表遥测地表的红外辐射，利用普朗克公式反演出地表温度；不同的直接或遥感手段，会组装成形式完全不同的仪表。再如，测量大气压力，可以利用玻璃管顶端真空的水银柱与空气柱压力相平衡的原理进行测量，也可以利用水的沸点温度与大气压力的关系进行测量。

一个完整的大气探测仪器或系统包括观测平台、探测仪器和资料处理单元三个部分。观测平台是指安装仪器的设施，如地面观测场地、气象铁塔、飞机、探空气球等。资料处理单元则可将仪器输出的信号实时采集、处理、传送和存储。按照探测设备平台所处位置，大气环境探测设备可划分为地基、空基和天基三类，其中各自地基探测设备集中进行使用、管控则构成地面气象观测站。接下来介绍气象卫星的工作原理。

气象卫星主要依靠对地遥感成像进行大气探测，根据卫星轨道特性主要分为极轨卫星和静止卫星两类。极轨气象卫星是指在近极地太阳同步卫星轨道上运行的气象卫星。它有以下优点：①由于太阳同步轨道近似于圆形，所以极轨卫星轨道的预报、资料的接收和定位处理都很方便；②极轨气象卫星可以观测全球，尤其是可以观测到极地区域；③在观测时有合适的照明，可以得到稳定的太阳能，能保障卫星正常工作。而缺点是：①虽然极轨气象卫星可以获取全球资料，但是对某一地区来说，观测时间间隔长，时间分辨率低，一颗极轨卫星每天只能对同一观测地区进行两次观测，无法监测到时间短、变化快的中小尺度天气系统，尤其是无法监测突发性的灾害性天气；②由于轨道观测资料不同步，在许多研究和应用中，需要进行观测资料的同化。静止气象卫星是指在地球同步赤道轨道运行的气象卫星。它作为一个空间气象观测平台有许多优势：①由于静止气象卫星的高度高，视野开阔，一个静止卫星可以对70°S—70°N，约占地球表面积$1.7\times10^{8}\mathrm{km}^{2}$的地域进行观测；②静止卫星可以对某一固定地区进行连续观测，可以每0.5h或1h提供一张全景图画面，在有特殊需要时，可每隔3~5min对某个小区域进行一次观测；③静止卫星可以监视云系、沙尘和雾等天气现象的连续变化，特别是生命短、变化快的中小尺度灾害性天气系统。而不足之处是不能观测南北极区，同时对卫星观测仪器的要求高。

我国气象卫星以“风云”命名，其中奇数序列编号为极轨气象卫星，如“风云一号”“风云三号”，偶数序列编号为静止气象卫星。图5-7、图5-8分别是我国的FY-1气象卫星与FY-2气象卫星。

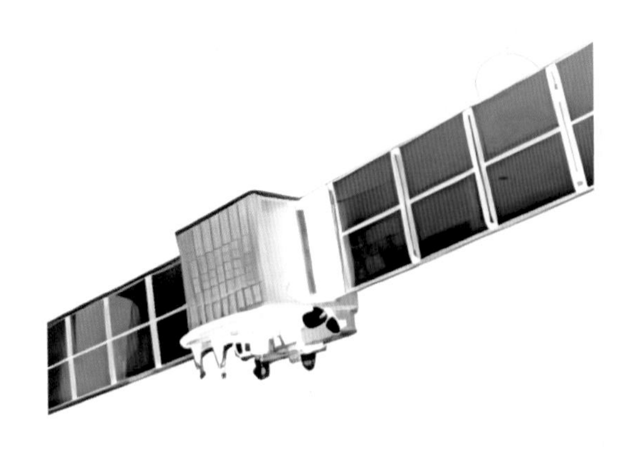

图 5-7 FY-1 气象卫星

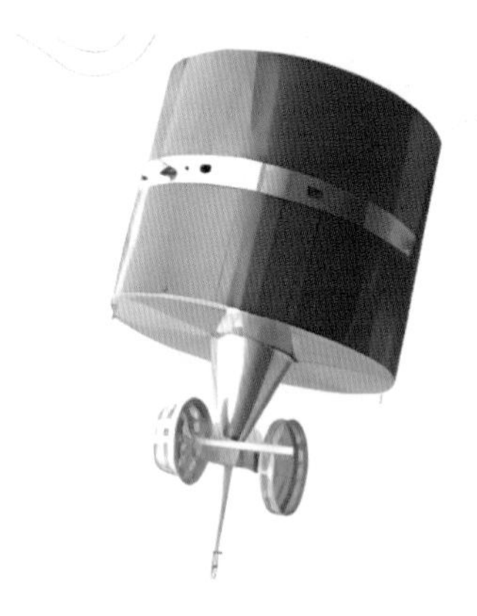

图 5-8 FY-2 气象卫星

5.3.3 天空复杂环境应急保障形式

天空复杂环境包括航空事故、自然灾害(如飓风、龙卷风等)、恐怖袭击等。应急救援保障能够在紧急情况下提供迅速的响应和救援行动，减少人员伤亡，并最大限度地保护生命安全。航空事故、恐怖袭击等事件可能对公共安全带来威胁，影响社会稳定和秩序。应急救援保障能够迅速处置和控制危机，保障公众的安全和利益。航空运输是现代社会重要的经济活动之一，对贸易、旅游和商业发展起到关键作用。天空复杂环境中的突发事件可能导致航班延误、航空公司经济损失等问题。应急救援保障能够及时处理和恢复航空事故、天气灾害等事件，减少对经济运行的不利影响，保障正常的商业活动。航空事故中的燃料泄漏、航空器残骸等可能对环境造成污染，威胁到生态系统的健康。应急救援保障能够及时应对这些事件，采取必要的措施减少环境破坏，保护自然资源和生态平衡。天空复杂环境中的一些事件可能对国家安全构成威胁，如恐怖袭击、非法飞行入侵等。应急救援保障能够加强对航空安全的监控和防御，维护国家的领空安全和主权。

天空复杂环境应急保障对于天空应急救援及为其他场景救援开辟主要路径具有重要意义。天空复杂环境保障措施可以提供飞行器在复杂天气、地形和地貌等环境条件下的安全操作。这些措施包括天气预警系统、气象监测设备、地形地貌信息提供等。通过及时获得准确的天气和地形信息，救援飞机可以作出明智的飞行决策，避免危险情况的发生，确保乘客和机组人员的安全。天空复杂环境保障系统提供先进的导航和通信支持，有助于救援飞机准确导航和定位。这些系统包括雷达、卫星导航系统、通信网络等。通过这些技术，救援飞机可以快速定位事故现场、与地面指挥中心和其他救援人员进行实时沟通，提高救援行动的效率和准确性。复杂环境保障系统还可以监测飞行器的性能和状态。通过传感器和监测设备，可以实时监测飞行器的引擎、燃料系统、机械部件等关键部位的工作情况，及时发现潜在问题并采取措施修复，确保飞行器在应急救援行动中的可靠性和安全性。天空复杂环境保障系统具备紧急情况响应的能力。一旦发生紧急情况，系统可以迅速启动警报和通知机制，将相关信息传达给救援人员和相关部门。这有助于减少救援响应时间，提高救援效果，最大程度地保护生命安全和减少财产损失。天空复杂环境保障能提供安全保障、导航和通信支持、飞行器性能监测及紧急情况响应，有助于提高救援行动的效率和安全性，最大限度地保护人员生命和财产安全。

5.4 智慧地球复杂环境应急保障体系建设

5.4.1 智慧地球复杂环境应急保障体系架构

智慧地球复杂环境应急保障体系如图 5-9 所示，是在建设好的智慧地球的基础上，将智慧地球的技术应用于复杂场景应急救险当中，进行各个领域的复杂环境信息保障。智慧地球是在数字地球的基础上进行发展建设的，此外，利用物联网进行万物互联实现各设备数据相互传输；利用云计算技术将数据分析处理在云端进行，提高效率同时保障了数据的安全；使用人工智能技术，使得智慧地球能够更加智能处理各类事件。

智慧复杂环境应急保障体系是智慧地球在复杂环境应急保障中的应用，复杂环境应急保障是对复杂环境信息进行充分的了解，从而在应急过程中，能够让救援队员迅速响应，采取行动，使得各种救援资源和专业人员能够迅速调动和投入紧急救援行动中。在保障的过程中，最重要的就是复杂环境信息的获取，利用通-导-遥一体化进行复杂环境的感知，使用天基、地基、海基多方面设备获取数据，保证数据准确无误，同时将多种设备获取的数据进行多源融合，从而得到更加准确、可靠的数据，对复杂环境救援进行有力的保障。

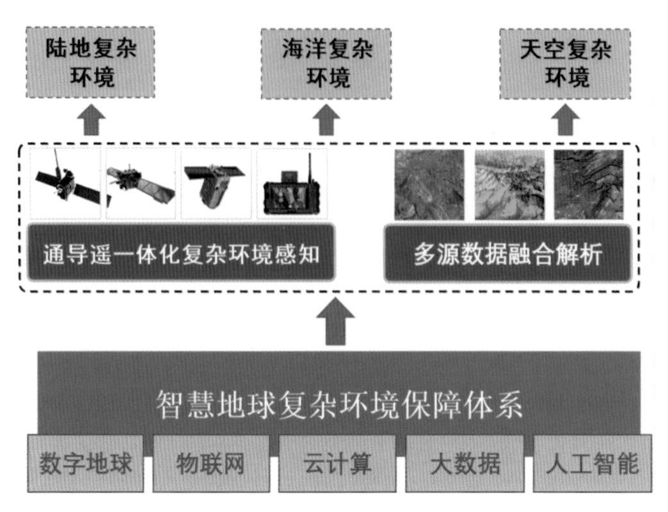

图 5-9 智慧地球复杂环境应急保障体系架构

5.4.2 智慧地球保障体系建设关键技术

智慧地球保障体系是以智慧地球的构建为基础，使用智慧地球的勘测侦察技术对复杂环境进行感知，从而进一步对复杂环境进行保障。因此，智慧地球保障体系建设技术包括智慧地球构建的关键技术及应用于复杂环境感知的技术。

5.4.2.1 智慧地球构建关键技术

智慧地球主要由数字地球、物联网、云计算、大数据和人工智能五大类技术组成，如图 5-10 所示。

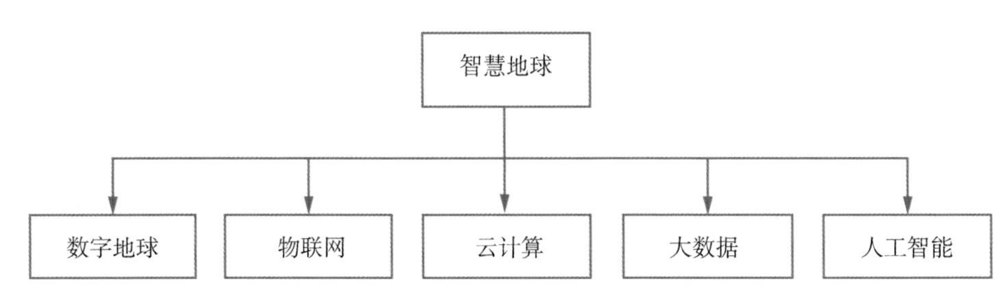

图 5-10 智慧地球构建关键技术

1. 数字地球技术

数字地球相关技术，数字地球是对现实地球的中事物及相关现象的数字化(图 5-11)。其核心思想是用数字化的手段来处理整个地球的自然和社会活动诸方面的问题，最大限度地利用资源，并使普通百姓能够通过一定方式方便地获得他们所想了解的地球的有关信息。智慧地球具有海量的数据，同时还实现了以多分辨率、三维方式对地球进行描述。

图 5-11　数字地球虚实交互

数字地球相关技术涵盖地球空间信息的获取、管理、使用等各方面。数字地球从数据获取组织到提供服务涉及的相关技术主要包括以下 5 点。

(1)天-空-地一体化的空间信息快速获取技术。

2006 年，《自然》(*Nature*)杂志在前瞻性科学和计算特辑中认为观测网将首次大规模地实现实时地获取现实世界的数据(Butler，2006)。空间信息获取方式也从传统人工测量发展到涵盖了从星载遥感平台和全球定位导航系统到机载遥感平台(van Zyl，2009)，再到地面的车载移动测量平台等。

(2)海量空间数据调度与管理技术。

空间数据不断地进行增长，表现在数据所占内存越来越大及数据的种类不断增多，千万亿级字节 (PB)及更大的数据量更加依赖相关数据调度与管理技术，包括高效的索引、数据库、分布式存储等技术。

(3)空间信息可视化技术。

从传统二维地图到三维数字地球，数字地球空间表现形式由传统抽象的二维地图发展为与现实世界完全相同的三维空间中，使得人类在描述和分析城市空间事务的信息上获得了质的飞跃。包含真实纹理的三维地形和城市模型后可用于城市规划、景观分析、构成虚拟地理环境和数字文化遗产等(Gruen，2008)。

(4)空间信息分析与挖掘技术。

空间信息分析与挖掘技术：数字地球中基于影像的三维实景影像模型，可构成大面积无缝的立体正射影像和沿街道的实景影像，用户能够自主按需量测，并能挖掘有效信息(Shao et al.，2011)。

(5)网络服务技术。

通过网络整合并提供服务，数字地球作为一个空间信息基础框架，可以集成整合来自网络环境下的各种与地球空间信息相关的各种社会经济信息，然后又通过全球广域网服务(Web Service)技术向专业部门和社会公众提供服务。

2. 物联网技术

物联网的定义是：通过射频识别、红外感应器、全球定位系统、激光扫描器等信息传感设备，按约定的协议，把任何物品与互联网连接起来，进行信息交换和通信，以实现智能化识别、定位、跟踪、监控和管理的一种网络。通俗地讲，物联网就是使用传感器将电网、公路、桥梁等物体的信息进行感知获取，再将各物体实现普遍连接。物联网能够实现人与人、人与机器、机器与机器的互联互通，充分发挥人与机器各自的优点(李德仁等，2011)。

物联网是新一代信息技术的重要组成部分，又被称为“泛互联”，是指物物互联、万物万联(图5-12)。物联网还被称为“物物相连的互联网”。其表明物联网的核心和基础仍然是互联网，是在互联网基础上的延伸和扩展的网络；此外，还说明其用户端延伸和扩展到了任何物品与物品之间，进行信息交换和通信。物联网技术打破了之前传统物理设施与IT设施分离的状况。之后物联网将会出现在我们生活的各个方面，物联网将与水、电、气、路一样，成为地球上的一类新的基础设施。

物联网具有三大特性，分别是全面感知、可靠传递和智能处理。全面感知是指

图 5-12　物物互联

利用物体周边的传感器如 RFID 传感器，随时随地获取物体的信息；可靠传递是通过各种电信网络与互联网的融合，将物体的信息实时准确地传递出去；智能处理是指利用云计算，模糊识别等各种智能计算技术，对海量的数据和信息进行分析和处理，对物体实施智能化的控制。

3. 云计算技术

云计算是一种基于互联网模式的计算，它产生的原因是互联网资源配置的变迁，是分布式计算和网格计算的进一步延伸和发展。计算机交互服务一度未能脱离硬件的桎梏，直到出现了基于虚拟化的云计算，软件和交互服务才完全与硬件无关，同时也无须关心硬件维护(李德毅，2010)。

云计算支撑信息服务社会化、集约化和专业化的云计算中心通过软件的重用和柔性重组，进行服务流程的优化与重构，提高利用率。云计算促进了软件之间的资源聚合、信息共享和协同工作，形成面向服务的计算。云计算能够将全球的海量数据快速处理，并同时向上千万的用户提供服务(Barroso，2003)。

4. 大数据

近年来，大数据中心已成为国家经济发展的重要命脉。正因为其重要的地位，无论是政府、企业、网络运营商、互联网、金融等行业都大力投资建设大数据中心，通过信息化改革，促进自身业务的发展。由于不同领域的大数据在特性上存在差异，并且人们分析大数据的背景和应用大数据的目的不同，因此不同领域的专家对大数据的定义也各不相同。高德纳咨询公司、维基百科、美国国家科学基金会分别从不同的角度给出了大数据的定义。我国的《工业大数据白皮书(2019 版)》还对工业大数据进行了定义。简言之，大数据就是无法在合理时间内利用现有的数据处理手段进行诸如存储、管理、抓取等分析和处理的数据集合。

有关大数据的特性，业界普遍将其归纳为 4V 特性：一是数据体量(Volume)大，如一些电商企业日常处理 PB 级别的数据已经常态化；二是数据类型多样(Variety)，如在工业大数据中数据类型包含了数值、文本、图片、音频、视频及传感器信号等；三是大数据的价值(Value)巨大，但是由于数据量的庞大，需要使用分析和挖掘等手段来获取数据当中有价值的信息；四是大数据的高通量(Velocity)，它除了指数据高速产生以外，还意味着数据的采集与分析过程必须迅速及时，以满足用户“及时、实时”的决策需求。

在特定领域，大数据还有着特有的性质。如在工业领域，人们还强调大数据的实时性、闭环性、强关联性、多层面不规则采样性、多时空时间序列性等；在管理与商业领域，人们更关注大数据的商用价值，并提出大数据应用的 5R 模型，即相关性(Relevant)、实时性(Real-time)、真实性(Realistic)、可靠性(Reliable)、投资回报(ROI)。在科研领域，Wang 等(2016)着重分析了大数据的不确定性特征；Wu 等(2014)则从大数据的异构(Heterogeneous)、自治(Autonomous)、复杂(Complex)、演化(Evolving)四个角度提出了描述大数据特性的 HACE 定理。

5. 人工智能技术

人工智能(Artificial Intelligence，AI)属于计算机科学，是其一个分支，是研究、开发用于模拟、延伸和扩展人的智能的理论、方法、技术及应用系统的一门新的技术科学。研究人工智能的目的是了解智能的实质，并生产出一种新的能以人类智能相似的方式作出反应的智能机器，其研究领域广泛，主要研究内容包括机器人、图像识别、语言识别、自然语言处理和专家系统等(吕伟等，2018；崔雍浩等，2019)。

人工智能是指利用机器模拟实现或延伸人类的感知、思考、行动等智力与行为能力的科学与技术(Zhang et al.，2021)。目前，人工智能主要是以机器学习技术为核心，成为新一轮科技革命和产业变革的重要驱动力量，受到全球各国的广泛关注，已深度赋能医疗、交通、家居、制造、金融、零售、通信、教育等多个行业，各类人工智能应用为用户提供了个性、精准、智能的服务。

5.4.2.2　复杂环境感知技术

1. 基于通-导-遥一体化的复杂场景感知服务

通-导-遥一体化空天信息实时智能服务系统已成为我国抢占空基，天基信息服务的战略制高点(李德仁等，2018)。通-导-遥一体化的复杂环境实时感知服务研究内容包含多学科知识，其技术体系的建立依赖许多基础理论以及相关前沿技术的研究，如 3S 技术(地理信息系统 GIS，遥感 RS，全球导航卫星系统 GNSS)、对地观测、遥测、网络技术、全球广域网(Web)服务、数据库技术等(张焰等，2017)。

复杂环境实时感知服务平台在空间上由天基、空基、地基和海基四部分组成。

(1)天基部分，天基信息实时智能服务系统由数百颗具有遥感、导航与通信功能的低轨小卫星组成的天基网，协同高分辨率遥感卫星、北斗导航卫星，与卫星通信网、地面互联网、移动网的整体集成的新一代天基智能系统，提供高性能导航(Navigation)、定位(Positioning)、授时(Timing)、遥感(Remote Sensing)、通信(Communication)的一体化实时服务(李德仁等，2017)，如图 5-13 所示。天基信息实时服务系统可以进行卫星通信、卫星遥感、卫星导航与地面互联网的集成，进而

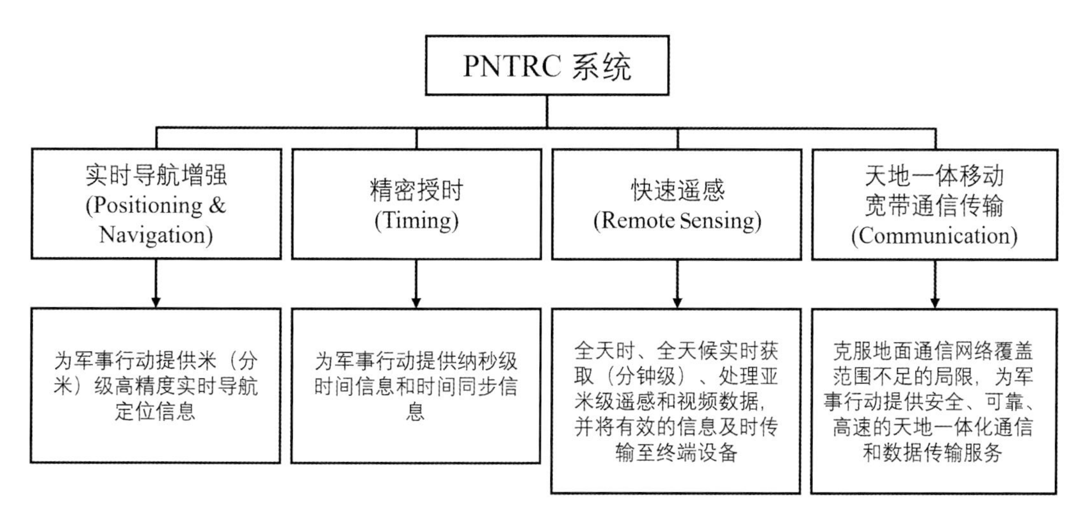

图 5-13　PNTRC 系统具体含义示意图

实现全球高时空分辨率的数据采集、高精度实时导航定位和宽带移动通信，如图5-14 所示。在大数据、云计算、人工智能技术支撑下，实时提供到智能终端的快速、准确、智能化的天基信息服务，完成复杂环境中的目标识别、定位、跟踪等任务。

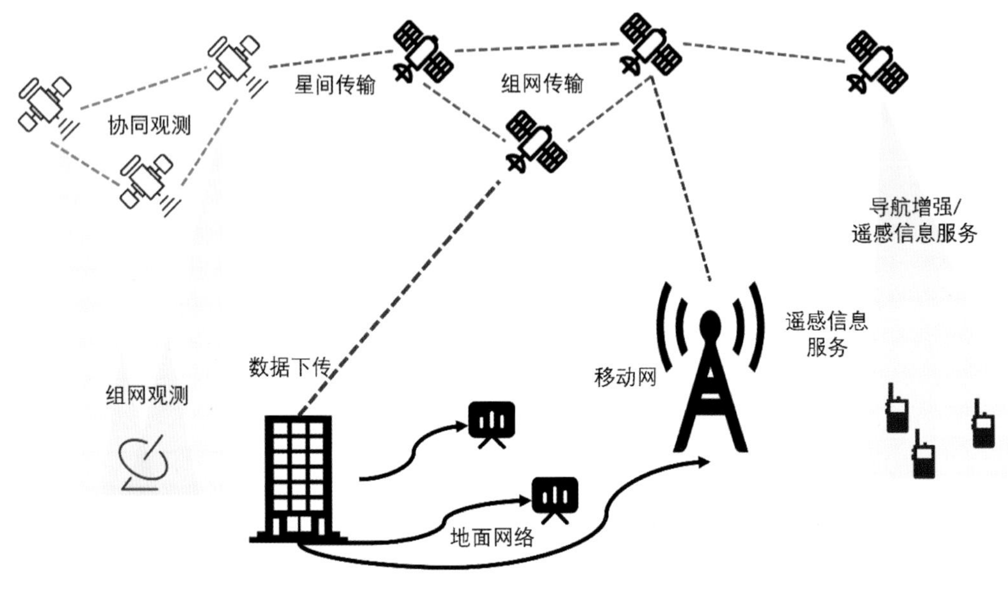

图 5-14 PNTRC 全球系统服务模式

(2)空基部分，由高、中、低空平台组成。高空平台指位于平流层的气球、飞艇等载荷包含光学、微波、红外等传感器和导航定位及通信装置，如图 5-15 所示。中空平台包括载人航空飞机携带的摄影测量和大地测量设备，同时还具有通信装置和时空、姿态传感器等设备。低空平台由无人机装载的摄影测量、大地测量和工程测量设备组成，同样和中空平台一样，包含通信设备和时空、姿态传感器。

(3)地基平台，由地面智能机器人、视频终端、智能移动设备、应急车、北斗终端等硬件，以及 GPS、北斗 CORS(Continuously Operating Reference Stations)网、辅助北斗定位系统、视频网、局域无线网等软件组成，可近地或就地感知复杂环境地理信息，如图 5-15 示。

(4)海基平台，由军舰、潜艇、航母装备的通信、导航、遥感等硬软件组成，可以提供实时导航、精确授时、快速定位、位置报告和通信等服务，如图 5-15 所示。

图 5-15　复杂环境实时感知服务平台

2. 基于多源信息融合技术的复杂环境认知服务

复杂环境认知是现代化无人应急设备和自动驾驶等重大智能感知应用的关键技术，多源、异构和跨模态信息则是认知的根本。而遥感观测技术能够采集地球表面或近地空间的电磁波，作为人类认知和监测地球的重要手段，其具有快速、准确、多尺度和多时相等优势。近年来，随着高光谱、红外和雷达等多源遥感技术的发展，遥感在资源勘探、环境保护、灾害评估、城市规划和军事国防等应用场景中具有较大的应用前景。同一场景中多源传感器观测地物的维度也存在差异，如空间分辨率、光谱分辨率和时间分辨率等，这些信息之间也冗余且互补，多源遥感信息融合能够综合利用多源信息进行更全面且精确的观测，也是智慧地球宏观建设的关键核心技术。

遥感影像的融合之前需要进行预处理操作，主要包含几何纠正、辐射定标与大气校正等内容。然后，将来自不同传感器的影像进行精确的几何配准，从而减小源影像中地物位置、形状及辐射量误差所带来的影响。影像配准是多源遥感影像融合必不可少的环节。常见影像配准方法包括基于影像灰度信息配准、基于影像特征配准及其他配准方法，如基于物理模型。随后对影像进行融合和质量的评估及后处理使用，流程如图 5-16 所示。

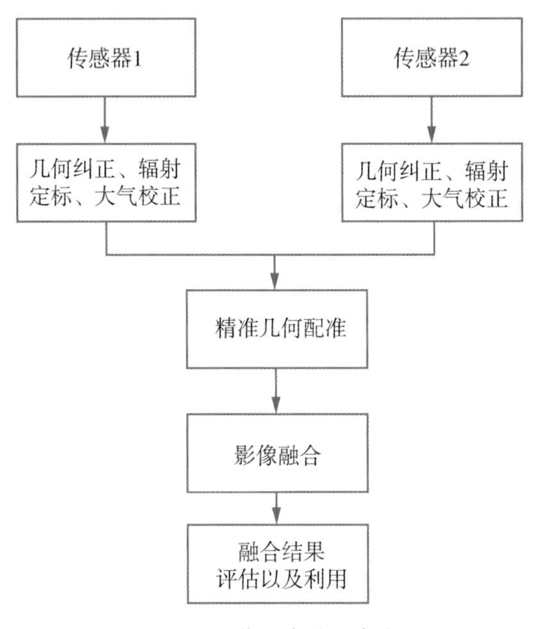

图 5-16　影像融合的基本流程

从不同源获取的遥感影像数据的成像原理不同，如观察尺度和反应的地物特性，因此不同数据的应用场景也不同。全色影像(Panchromatic，PAN)、多光谱影像(Multispectral，MS)和高光谱影像(Hyperspectral，HSI)由光学成像设备采集。受光学成像传感器硬件的限制，影像的空间分辨率和光谱分辨率之间相互制约。全色影像为单波段的灰度图像，其波段范围处于 0. 5~0. 7μm，空间分辨率也较多光谱影像和高光谱影像更换，影像中蕴含更丰富的和精细的地物纹理特性，能更好地描述目标地物的大小、形状和空间等特征，从而服务于目标检测和识别任务(唐华俊等，2010)。

高光谱影像具有几十甚至上千个连续且细分的光谱波段，影像的信息丰富度有了极大的提升，能够有效捕获地物目标的高光谱信息。不同目标对于光谱吸收不同，因此能反映出目标的物理结构和化学成分等差异，从而实现从内在角度描述目标，常用于精细地物分类识别和异常目标的监测任务。然而，光谱分辨率的提升也意味着空间分辨率降低，影像的质量受限(王建宇等，2010)。

高光谱影像的相邻谱带之间具有高度相关性，这也意味着信息的冗余度较高。而具有多个波段光谱信息的多光谱影像的空间分辨率和光谱分辨率介于全色影像和高光谱影像之间，可以分别和全色影像和高光谱影像融合，并提供光谱信息和空间纹理信息。且多光谱影像的波段数通常为严格设计，按照一定的顺序进行波段组合，便于突出影像中植被、水体和海岸线等特定的目标地物(李树涛等，2021)。

合成孔径雷达(Synthetic Aperture Radar，SAR)是一种主动式的成像模式，其工作方式是通过天线阵列间的干涉进行微波辐射，将接收的回波信息进行叠加并记录为数字化像元，以此得到合成孔径雷达影像。由于合成孔径雷达的回波信号是地物的后向散射能量，因此能反映出目标地物的表面特性和介电性质，合成孔径雷达获取信息的方式使得其具有高空间分辨率，同时还能够不受光照和气候等条件限制等优点，能全天时和全天候地对地观测，且 SAR 影像能够描述远小于空间分辨率。同时，得益于成像模式，合成孔径雷达具有穿透能力。这些特点使其在地理测绘、自然灾害和军事侦察等领域中具有独特的优势(Ma et al.，2020)。在合成孔径雷达技术的发展基础之上，合成孔径雷达干涉测量(Interferometric Synthetic Aperture Radar，InSAR)和极化合成孔径雷达(Polarimetric Synthetic Aperture Radar，POLSAR)等技术也逐渐成熟。其中 InSAR 技术利用相位差获取地形的高程信息，能有效监测地表形变。而 POLSAR 技术将水平和垂直方向的电磁波进行组合，能够反应目标的散射特征，丰富了对地感知的维度。

激光雷达(Light-Laser Detection and Ranging，LiDAR)则是另一种主动成像技术，其成像原理为发射红外到紫外区间的光频波段，并进行反射光线接收，因此可以用于目标状态和位置的精确跟踪和识别，并且能推导出反射点的信息，如速度、距离、高度和反射强度等，被广泛应用于油气勘探、环境保护、自动驾驶和城市三维建模等领域，也是智慧城市的重要数据来源。

5.4.3 智慧地球保障体系建设依据

5.4.3.1 指定相关标准及法律法规需求

对于智慧地球及复杂环境应急保障体系的构建，我们需要制定行业标准，从而能够按照同一要求高效、准确地构建智慧地球保障体系，智慧地球需要充分利用物联网、云平台、大数据等新兴信息化技术进行建设。但是智慧地球的建设过程，及部分行业的建设结果是否符合“智慧”的要求，这需要制定相关国家标准，进行系统性的指导与规范，对于建设成果按照标准进行客观评价。

1. 智慧地球建设的相关标准需求

智慧地球建设的相关标准包括《数字测绘成果质量要求》(GB/T 17941—2008)、《国家基本比例尺地图测绘基本技术规定》(GB 35650—2017)、《面向智慧城市的物联网技术应用指南》(GB/T 36620—2018)、《信息安全技术智慧城市安全体系框架》(GB/T 37971—2019)、《信息安全技术云计算服务运行监管框架》(GB/T 37972—2019)和《信息技术大数据系统运维和管理功能要求》(GB/T 38633—2020)等。

2. 智慧地球建设的相关法律法规需求

智慧地球建设的相关法律法规包括《中华人民共和国国家安全法》《中华人民共和国测绘成果管理条例》《信息安全技术个人信息安全规范》《中华人民共和国网络安全法》《卫星移动通信系统终端地球站管理办法》《中华人民共和国计算机信息系统安全保护条例》和《中华人民共和国促进科技成果转化法》等。

5.4.3.2 明确复杂环境应急保障需求

在陆地、海洋、天空等复杂环境下会出现多种自然灾害和人为危险，及时明确在复杂环境下的应急保障需求对于建设智慧地球复杂环境应急保障建设具有重要意义。能够提供及时的救援行动，保护人员的生命安全，减少灾害造成的损失。

详细了解海洋、天空和陆地的复杂环境特点，包括地理条件、气候情况、生态系统、经济活动等。这将有助于确定潜在的灾害风险和应急保障需求。收集相关的数据和信息，包括过去发生的灾害事件、应急救援措施的效果、资源分布情况等。可以通过政府机构、科研机构、行业组织、媒体等渠道获取这些信息。利用收集到的数据和信息，进行风险评估。识别可能出现的紧急事件和灾害风险，并评估其对生命安全、环境、经济等方面的影响程度。这将帮助确定应急保障的重点和优先级。应急保障需要跨部门合作，包括政府部门、执法机构、救援机构、医疗机构、企业和社会组织等。建立起跨部门的合作机制，明确各方的职责和协作方式，确保应急救援工作的高效运行。根据风险评估和合作机制，制定相应的应急预案。预案应包括紧急事件的预警和监测机制、救援措施、资源调配、沟通和协调机制等。预案要具体、可操作，并进行定期演练和修订。通过培训和演练，提高救援人员的应急响应能力和专业素养。加强设备和技术的更新和维护，确保能够在复杂环境中有效执行应急任务。加强公众宣传和教育，提高公众的应急意识和自救能力。通过信息发布、培训课程、宣传活动等方式，向公众传递应急知识和技能。

5.4.3.3　实现保障关键技术

关键技术是建设保障体系的根本，只有实现了保障关键技术，保障体系才能完全完成。对于每个关键技术，需要进行深入研究和开发，以理解其原理、功能和适用范围。将不同的技术组合起来，形成一个完整的应急保障系统。这需要对各个技术进行整合和集成，以确保它们能够相互配合和协同工作。在真实环境或仿真环境中进行试验和验证，评估技术的性能和可行性。通过模拟不同的应急场景，测试技术在各种情况下的表现和应对能力。根据试验结果，对技术进行优化和改进。根据实际需求和资源情况，制定技术部署和实施计划。建立技术运维和维护机制，确保关键技术的正常运行和及时维护。应急保障技术是一个不断演进的过程。监测技术发展趋势和行业最新动态，持续进行技术改进和更新。参与行业交流和合作，分享经验和最佳实践，推动技术的进步和创新。

第 6 章 智慧地球感知-认知-决策反馈-服务构建模式

智慧地球是数字化地球发展的高级阶段，孪生地球是实现智慧地球的原型技术版本。在欧洲中程天气预报中心（European Centre for Medium-Range Weather Forecasts，ECMWF）明确提出支撑 2021—2030 年的发展目标的三项核心技术之一是智慧地球，并正在研究智慧地球愿景下的数字孪生原型（ECMWF，2021）。其中，智慧地球是指把新一代的 IT、互联网技术充分运用到各行各业，把感应器嵌入、装备到全球的医院、电网、铁路、桥梁、隧道、公路、建筑、供水系统、大坝、油气管道，通过互联网形成“物联网”；而后通过超级计算机和云计算，使得人类以更加精细、动态的方式工作和生活，从而在世界范围内提升“智慧水平”，最终就是“互联网+物联网=智慧地球”。

数字孪生作为实现虚拟之间双向映射、动态交互、实时连接的关键途径，可将物理实体和系统的属性、结构、状态、性能、功能和行为映射到虚拟世界，形成高保真的动态多维、多尺度、多物理量模型，为观察物理世界、认识物理世界、理解物理世界、控制物理世界、改造物理世界提供了一种有效手段。本章将从智慧地球孪生底座构建、智慧地球数字孪生认知、智慧地球孪生决策控制三个方面，简要介绍智慧地球服务案例。

6.1 智慧地球空-天-地-海数据底座建设

数字孪生地球建设离不开数据底座的支撑。以数字孪生城市建设为例，一体化智能化公共数据平台、城市大脑和省域空间治理平台（及住房和城乡建设部 CIM 平台）作为数据底座的重要组成部分，将为数字孪生的应用场景提供数据支持。地理空间信息可以描述地球物质系统和人类社会系统的特征、状态及变化情况等，是数字孪生世界感知真实世界的信息主体，是孪生世界数据底座中的核心主体。

地球空间环境信息是孪生地球虚拟场景重构的数据底座，在空间尺度上具有三维立体、在时间维上具有动态演化的属性；同时，在环境信息的空间覆盖来看，有野外数据，也有室内数据；有地下、地表、地上、空中等不同范围的数据。

人工采集或者智能监测的物理世界中实体对象的状态和变化特征，可以形成数字化文本、语音、图像、视频等记录。地理空间信息中形成的实体属性关联机制，又可以建立起文件、表格、数据流等属性记录与虚拟实体的连接。

地理空间信息通过空间描述和属性表达的方式，可以描述地球上存在的任意的实体对象。在空间描述部分，地理空间信息将世界上的一切实体对象抽象成点、线、面等基本空间对象，通过二维可视化、三维建模等技术，在孪生世界中重建出复杂的实体对象；在计算机可视化技术的支撑下，数字孪生场景可以真实地呈现出现实世界各种实体的集成场景(见图 6-1)。

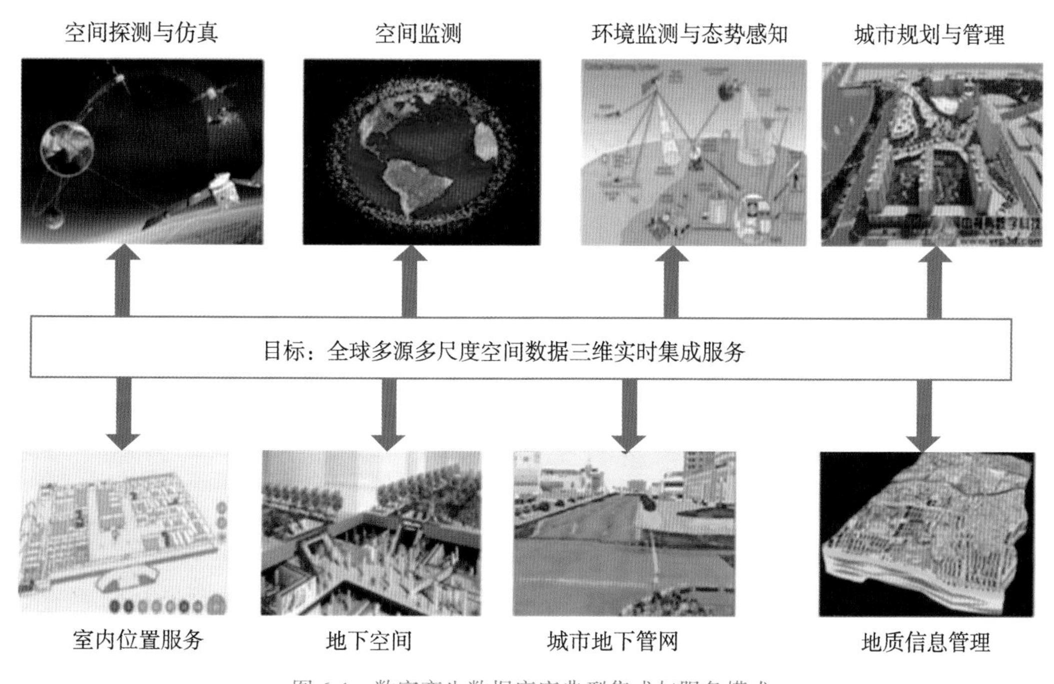

图 6-1　数字孪生数据底座典型集成与服务模式

6.1.1　空-天-地-海环境感知

孪生地球反映了孪生场景对于真实世界的虚拟映射。从场景空间范围视角，在最完整的地球场景下，孪生映射的地区、国家、城市等场景，还可以进一步细分到街区、建筑、部件等多源、多尺度的主体。其中，空-天-地一体化监测技术是支撑全球宏观场景到部件精细实体物理空间信息和状态变化信息孪生映射的关键技术，也是支撑孪生世界感知现实环境的核心，也是实现数字孪生服务的关键。

从承载平台来看，又可以分为星载-机载-地面(简称天-空-地)多种承载平台。天-空-地多源平台载荷的多光谱、高光谱、红外、热红外、雷达、LiDAR 等传感器，通常可以获得成像的图件或者视频信息，也有部分传感器可以获得激光点云数据、轨迹数据。比如，卫星或者机载的测量平台通常利用成像相机拍摄或者扫描，可以获得成像的图像或者视频；利用三维激光扫描仪等设备，可以获得场景中的立面场景的三维激光点云数据；利用带有 GPS 等设备，可以自动记录空间位置轨迹、地面位移、时间等数据。在地面移动测量设备中，适宜于特定区域小范围测量的便携式测量设备多为手持式或背负式；适宜于大范围场景中地面移动测量的设备，多为加装了各种传感器和采集系统的测量车。场景环境移动测量典型模式示意见图 6-2。

图 6-2　大范围场景环境移动测量典型模式

按照是否需要人工参与进行区分，总体上可以分为人工参与、无人工参与的自动获取两大类。人工参与的方式主要有通过测图或者拍照等方式，由人工在特定区域采用特定的技术方法获取的空、天、地、海环境信息。无人工参与的场景信息自动获取方式主要是具有自主执行采集任务能力的移动机器人、无人车、无人机等为代表的采集方式。在空、天、地、海环境场景中，从监测场景的开放性角度，可以划分为室内环境和室外环境，场景环境移动测量典型模式示意见图6-3。

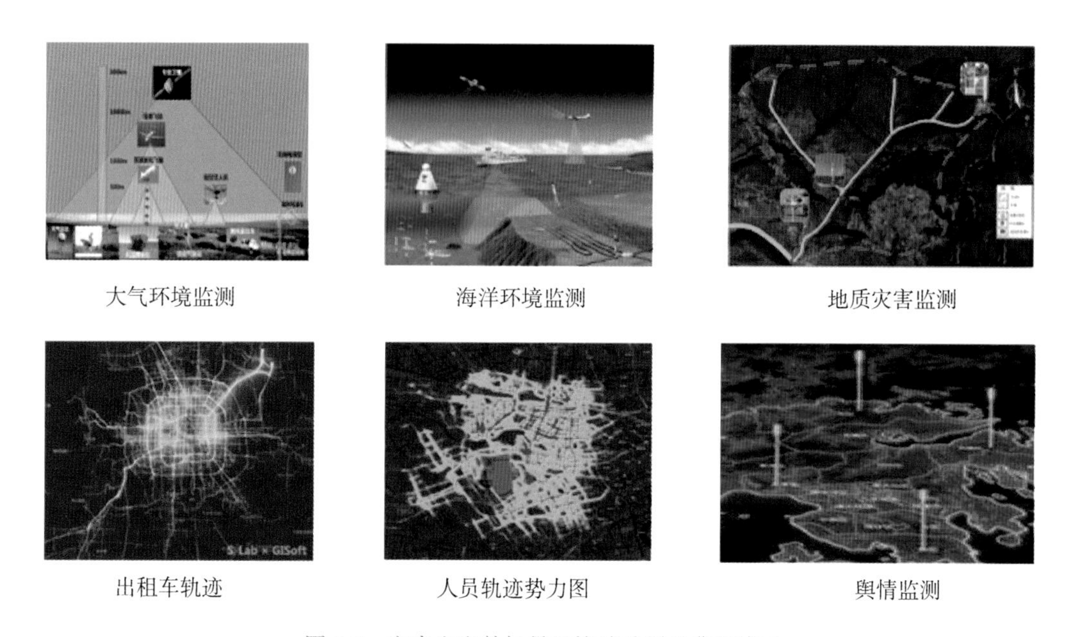

图6-3　室内和室外场景环境移动测量典型模式

室内环境是在框架体内部的场景，比如自然环境中的构筑物设施(如洞窟等)、人工构筑建筑物(如房屋、厂房等)、特殊设施(如飞机、火车、地铁、轮船等)等的内部。室内环境场景测量受到外在框架体的高度限制，并且室内场景内部结构普遍存在较复杂的情况，因此多以人工测量为主，或者利用移动性能强、机动能力强的小型机器人、无人车、无人机等设备进行辅助式测量。

室外测量场景较开阔，也辅以一些环境设施，既可以采用人工测量，也可以采用星载、机载、车载等方式进行测量。而对于地下场景来说，由于通信能力、定位能力较差，因此地下场景测量多以人工测量为主。

水下测量方面，随着现代测量中的GNSS、实时差分定位(Real-Time Kinematic，RTK)的广泛应用，测深仪可以配合GNSS、RTK执行水下测量任务。并且，测深仪也由模拟信息发展到全数字信号，并由过去的单频、双频发展到目前的多波束水下测量系统。水下摄影测量可以对水底目标的形状、大小、位置和性质，或者对于水下局部地形等进行测量。

三维激光扫描技术是孪生场景重建的关键技术之一。其中，小型便携式的测量方式，主要有手持式测量、固定测量、背负式测量设备。小型便携式测量技术移动能力强，可以广泛应用于室外场景精细化数据采集、室内场景采集等。车载或机载LiDAR测量技术也是开展大范围建模技术的重要平台，移动测量典型模式如图6-4所示。

固定激光测量设备

手持式测量设备

背负式激光测量设备

图6-4　移动测量典型模式

按照对于监测对象属性来看，物联网/互联网等智能监测仪器或设备对于地球的监测，在宏观上可以自然要素监测、社会要素监测两大类。其中，自然要素监测中，以地球大气、水、地质灾害等要素监测最为典型。社会要素中，人、车活动的轨迹在一定程度上代表着社会经济活动，舆情信息监测人们对于典型事件的态度和反映，属于一种典型的民情信息等意识域的监测技术。

6.1.2　多源时空数据的存储与管理

地理空间数据范围、数据的精细度与数据的规模和体量相关。对于孪生地球来说，现实地球中存储的数据对应的空间分辨率和时间分辨率越高越好。总的来说，空间分辨率越高，其描述场景的精细度也越高。数据的时间分辨率越高，描述场景的时效性也越强。大范围场景(比如全球、区域、省级等尺度)本身数据量就比较大，过于精细的数据感知到大场景整体特征。从数据采集获取角度来看，科学地感知孪生场景信息，必须要解决以下几个方面的问题：大规模数据的存储、管理与概化问题。多尺度不同场景数据的自动切换问题。抽样提取出代表性的小样本数据，可以地理空间数据的概化模式不同，进而形成由数据范围、数据时空精细度决定的不同规模、不同量级的地理空间信息数据。社会经济状态孪生感知是实现空-天-地一体化实时动态集成模式。

6.1.2.1　空间数据的存储格式

空间数据库是某区域内关于一定空间要素特征的数据集合，是地理信息系统在物理介质上存储的与应用相关的空间数据的总和。基于SQL的简单要素访问(Simple Feature Access—Part 2：SQL option，SFA SQL)和SQL多媒体与应用程序包第三部分空间(SQL Multimedia and Application Packages—Part3：Spatial，SQL/MM Spatial)，是目前两种主流的空间数据库国际标准。商业空间数据库有如ArcGIS SDE(Spatial Database Engine)、MapGIS SDE、SuperMap SDE等。开源数据库如PostgreSQL由于具备PostGIS扩展而在开源GIS中有广泛应用。

现实世界中的所有数据映射到GIS空间中，根据数据记录方式不同，可以分为矢量数据、栅格数据。其中，矢量数据结构表示地球表面的特定要素，并为这些要素分配属性。矢量由称为折点的离散几何位置(x、y值)组成，这些位置定义了空间对象的形状。折点的组织决定了我们使用的矢量类型：点、线或多边形。矢量数据主要包括点、线、面、注记四种类别。栅格数据就是将空间分割成有规律的格网，每一个格网称为一个单元，并在各单元上赋予相应的属性值来表示实体的一种数据形式。空间数据库是对地理栅格数据进行有效管理的一个极为重要的手段。GIS系统的栅格数据格式有很多种，有卫星影像、数字高程模型、数字正射影像、扫描文件、数据栅格图形、图形文件。其中，常用的栅格数据格式有“.jpg”“.png”“.tif”等。

Shapefile是最常见的矢量数据格式，Shapefile文件是美国环境系统研究所(ESRI)所研制的GIS文件系统格式文件，是工业标准的矢量数据文件。MapInfo TAB文件是Pitney Bowes MapInfo软件的专有格式。与Shapefile相似，它们需要一组文件来表示地理信息和属性。其中，TAB文件是ASCII格式，可链接关联的ID、DAT、MAP和IND文件。DAT文件包含与dBase DBF文件关联的表格数据。ID文件是将图形对象链接到数据库信息的索引文件。MAP文件是存储地理信息的地图对象。IND文件是表格数据的索引文件。ArcInfo Coverages是一组包含了points，arcs，polygons or annotation的文件夹。Tics是控制点，用于帮助定义Coverage的边界。DXF文件是Autodesk公司开发的用于AutoCAD与其他软件之间进行CAD数据交换的CAD数据文件格式。DXF是一种开放的矢量数据格式，可以分为两类：ASCII格式和二进制格式；ASCII具有可读性好，但占有空间较大；二进制格式占有空间小、读取速度快。DWG文件：*.dwg是AutoCAD的图形文件，是二维或三维图形档案。其与DXF文件是可以互相转化的。

GeoJSON 格式主要用于基于 Web 的映射，是最常见的 WEB 交换数据格式之一。GeoJSON 以 JavaScript 对象符号(JSON)形式将坐标存储为文本。这包括矢量点，线和多边形以及表格信息。Geography Markup Language(GML)以文本形式存储地理实体(功能)。与 GeoJSON 相似，可以在任何文本编辑器中更新 GML。每个要素都有属性，几何(点、线、曲线、曲面和多边形)和空间参考系统的列表。与 GeoJSON 数据相比，GML 存储相同数量的信息产生的数据量更大，更占空间。

Google Keyhole Markup Language (KML/KMZ)也是典型的矢量数据交换格式。KML 是 Keyhole Markup Language 的缩写，这个数据格式是基于 XML 的，一般被 Google Earth 使用。KMZ (KML-Zipped)是 KML 的压缩版本，KML/KMZ 在 2008 年成为地理空间联盟的国际标准。KML/KMZ 经纬度由十进制度的 World Geodetic System of 1984 (WGS-84)坐标系统所定义，高程为 WGS84 EGM96 高程系。

GPS eXchange Format (GPX)是比较标准的 GPS 信息交互文件。GPX 或称为 GPS exchange 格式，是一种用于存储坐标数据的 XML 文件格式。它可以存储在一条路上的路点、轨迹、路线，且易于处理和转换到其他格式。OSM 文件是 OpenStreetMap 的本地文件，该文件已成为世界上最大的众包 GIS 数据项目。这些文件是来自开放社区的众筹贡献的矢量特征的集合。OpenStreetMap 使用的所有 GPS 数据要转换为 GPX 格式才能上传。

IDRISI vector 矢量数据文件具有 VCT 扩展名以及具有 VDC 扩展名的关联矢量文档文件。VCT 格式仅限于点、线、多边形、文本和照片。创建 IDRISI 矢量文件后，它将自动创建用于构建元数据的文档文件。属性直接存储在矢量文件中。但是可以选择使用独立的数据表和值文件。

栅格数据主要包括数字正射影像和一般栅格地图。其中，数字正射影像以各种传感器拍摄或扫描的遥感影像为主。若按照成像原理不同，可以将遥感影像划分为被动式的光学影像和主动式的合成孔径雷达 SAR 影像两大类别。若按照传感器的探测范围波段分为：紫外遥感(探测波段在 0.05~0.38μm)、可见光遥感(探测波段在 0.38~0.76μm)、红外遥感(0.76~1000μm)、微波遥感(1mm~1m)和多波段遥感。遥感影像成像轨迹和成像窗口的限制，原始影像中每一幅(或景)影像其对应的空间范围受到一定的限制，多景遥感影像拼接、镶嵌可以形成大范围地理空间信息场景。数字栅格地图主要是纸质矢量数据扫描形成的数字化栅格的无空间信息的图像数据格式。

Esri 的 Grid 文件是一种 Esri 开发的专有格式。Grid 文件没有拓展名，而且是一种独一无二的可以存储属性数据的栅格文件格式，但是它只能给 Integer 类型的文件添加属性。对于压缩栅格格式来说，ER Mapper Enhanced Compression Wavelet 的 ECW 是一种压缩图像格式，通常用于航空和卫星图像。这种 GIS 文件类型以其高压缩比而著称，同时仍保持图像的质量对比度。Joint Photographic Experts Group JPEG 2000 的 JPEG 2000 通常有一个 JP2 的文件拓展名。它们是最新的 JPG 格式的小波压缩，提供有损或无损压缩选项。LizardTech 专有的 MrSID 格式一般用于存储需要压缩的正射影像。MrSID 图像具有 SID 扩展名，并带有文件扩展名为 SDW 的世界文件。其压缩比可以达到 20∶1。

栅格数据最为常用的格式是 IMG。ERDAS Imagine IMG 文件是 Hexagon Geospatial 开发的专有文件格式。IMG 文件通常用于栅格数据，以存储单个和多个波段的卫星数据。ASCII 使用一组介于 0~255 之间的数字(包括浮点数)进行信息存储和处理。它们还包含带有一组关键字的头文件。在本地存储格式中，ASCII 文本文件存储使用一种分隔符(逗号、空格、TAB 等)格式存储 GIS 数据。可以利用一个转换工具如 ASCII to raster 将非空间数据转换为空间数据。GeoTIFF 已成为 GIS 和卫星遥感应用的行业图像标准文件。GeoTIFF 可以有其他附件：TFW 存储 TIFF 文件所处的空间位置信息；XML 是 GeoTIFF 可选文件，存储元数据；AUX 存储投影和其他信息；OVR 存储影像金字塔，用于快速的访问和影像显示缩放。IDRISI 将 RST 扩展分配给所有栅格图层。它们由数字格网单元格值组成，这些值包括整数、实数、字节和 RGB24。栅格文档文件(RDC)是 RST 文件的随附文本文件。它们将列和行的数量分配给 RST 文件。此外，它们还记录文件类型、坐标系、参考单位和位置误差。

在 Envi RAW Rasterk 中，Band Interleaved Files 是一种存储航空和遥感单波段或多波段栅格影像的格式。Band Interleaved for Line（BIL）根据行存储所有的像素信息；Band Interleaved by Pixel（BIP）按像素存储；Band Sequential Format（BSQ）s 按波段存储。BIL 包含一个头文件(HDR)，该头文件描述了图像中的列、行、带、位深度和布局的数量。PCI Geomatics Database File（PCIDSK）的 PIX 格式是由 PCI Geomatics 开发的一种栅格格式。这是一种灵活的文件类型，图像和辅助数据存储在一个称为“Segments”的独立文件中。例如，“Segments”可以包含投影，属性信息，元数据和图像/矢量。

LiDAR 格式中，ASPRS LiDAR Data Exchange Format，LAS 文件格式是一种二进制文件格式，专门用于供应商和客户之间的互换。总体而言，LAS 文件保留了特定于 LiDAR 的信息，而不会丢失信息。LAS 文件可供公众使用，与 ASCII 和其他专有文件格式不同。有时坐标点测量的密集网络是如此之大，以至于经常需要对它们进行分割以防止文件太大。压缩 LAS 文件时，专用于此的文件格式为 LAZ。可以使用

LAZ 文件格式节省大量存储空间。像大多数文件压缩一样，LAZ 没有信息丢失。最后，LAS 数据集(LASD)引用了一组 LAS 文件。LASD 的目的是能够从引用的 LAS 文件中检查 3D 点云属性。通过 LAS 数据集，可以可视化三角化的曲面并执行统计分析。

Point Cloud XYZ 的 XYZ 文件没有存储点云数据的规范。前 3 列通常代表 X，Y 和 Z 坐标。但是没有标准规范，因此可能包括 RGB，强度值和其他 LiDAR 值。它们位于文件格式的 ASCII 点云组中，其中包括 TXT，ASC 和 PTS。像 XYZ 这样的非二进制文件是有优势的，因为它们可以在文本编辑器中打开和编辑。

6.1.2.2 时空数据的存储与调度

时空数据是同时具有时间和空间维度的数据，时空数据包括时间、空间、专题属性三维信息，具有多源、海量、更新快速的综合特点。时间数据指具有时间元素并随时间变化而变化的空间数据，是描述地球环境中地物要素信息的一种表达方式。这些时空数据涉及各式各样的数据，如地球环境地物要素的数量、形状、纹理、空间分布特征、内在联系及规律等的数字、文本、图形和图像等，不仅具有明显的空间分布特征，而且具有数据量庞大、非线性以及时变等特征，时空数据示意如图 6-5 所示。

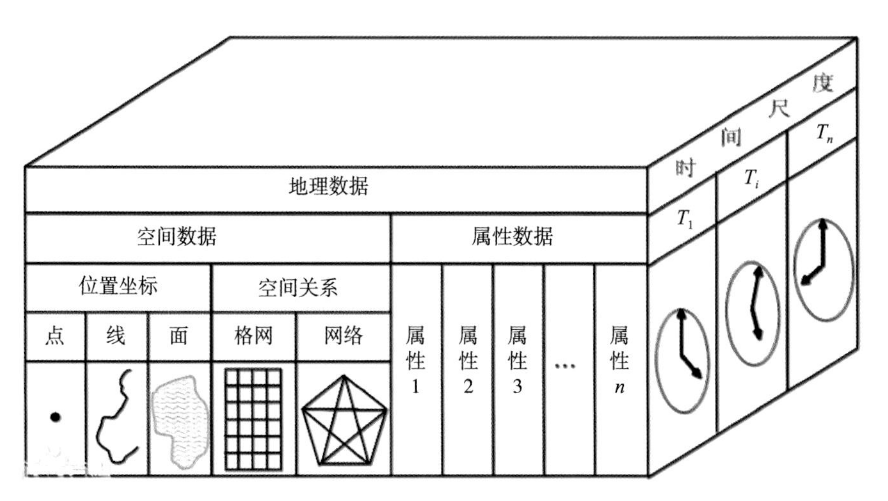

图 6-5　时空数据示意图

时空数据库能够存储、管理包括时间序列及空间地理位置相关的数据。时空数据是一种高维数据，具有时空数据模型、时空索引和时空算子，完全兼容 SQL 及

SQL/MM 标准，支持时空数据同业务数据一体化存储、无缝衔接，易于集成使用。时空数据库主要是空间相关的场景，如热力图、店铺选址等。时空数据库主要包括空间时态数据的表达、更新和查询。其中，空间时态数据是表示某个时间点上的数据。通过收集时态数据可分析天气模式和其他环境变量、监视交通状况、研究人口统计趋势等。可从许多来源获取时态数据，从手动输入的数据到使用观测传感器收集或模拟模型生成的数据，均可作为来源。传感器网络、移动互联网、射频识别、全球定位系统等设备时刻输出时间和空间数据，数据量增长非常迅速。时空数据库或者时序数据库具有时空数据模型、时空索引和时空算子，完全兼容 SQL 及 SQL/MM 标准，能够存储管理包括时间序列以及空间位置相关的数据。交通场景数据是典型的时空数据，具有栅格、图、路径三种不同的空间结构。随着时间维度的深入，可以形成时空栅格数据、时空图数据和时空轨迹三类典型的时空数据或时态数据(见图 6-6)。

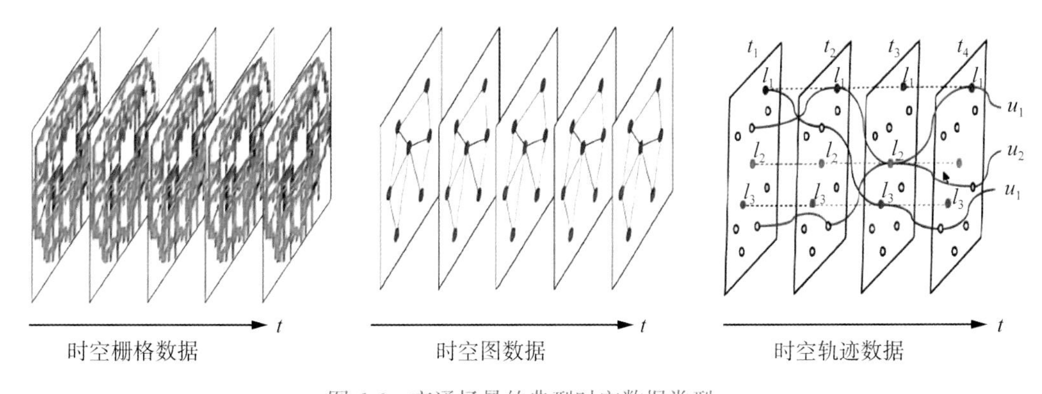

图 6-6　交通场景的典型时空数据类型

时空数据的表达旨在建立起立体时态一体化数据模型，涉及时间标志、空间时态版本标识、空间变化类型的定义、空间拓扑与时态拓扑、空间时态数据的存储结构以及存取策略等内容。其中，数据模型由一个对象集和一种对应的查询语言组成(Tsichritzis et al.，1982)。在近 20 年的研究中，时空数据模型往往会包含时间引用表，该表会包含某种或某几种时间值的表列，这些列可以用来描述数据记录其他列的时相信息。对于时间参照表的有效地设计、查询和修改，往往需要一组特定的方法和技术集。采用时间引用表描述时空数据模型，往往也可以在通用数据模型中进行处理。但是，在普通数据模型中增加时间引用表及其对应的处理方法和技术等的方式，会存在数据冗余量高、建模不方便和建模查询语言不友好等问题。那么，从非时间数据模型上扩展明确包含时间的模型，在查询、修改和强制完整性约束等方面将更为强大(Christian et al.，2009)。

空间时态数据的更新涉及对空间数据的更新操作以及更新操作对空间时态拓扑的影响、更新操作涉及的拓扑重建等问题。

空间时态数据的查询探讨空间时态数据的各种跟踪算法，多维信息的复合、分析、可视化等。仅考虑给定时间的空间快照，或仅考虑给定空间位置的时间序列分析是不够的，无法解决空间连贯实体如何随时间变化，或者某些情况下，它们会如何变化的问题。时空数据分析是对随时间演化的整个空间过程进行建模，以达到对数据中的空间、时间和时空变化进行一些巧妙的平滑操作和清晰的可视化。现实世界中的对象时空演化，遵循着确定性。然而，由于受自然科学和驱动时空现象的机制不完整认识影响，时空数据建模往往需要考虑随机性和不确定性。时空统计模型可以对看似随机的参数进行建模，达到在不掩盖潜在过程的显著趋势和规律的情况下产生预期的预测效果。广义上讲，时空统计模型可以追求空间和时间预测、参数推断、及时预测等目标，更具体的目标包括数据同化(data assimilation)、计算机模型仿真(computer-model emulation)和时空监测网络设计(design of spatial-temporal monitoring network)。

6.1.2.3 时间序列数据及时序数据库

时间序列数据是指某一指标在不同时间上的不同数值，按照时间先后顺序排列而成的数列，这类数据库在日常生活中十分常见，像环境温度的监控数据，直播房间的监控数据，无人车的运行数据等都是时序数据。图 6-7 显示了两种典型的时序数据，一种是单个数据的纬度，如温度数据，包含存储时间戳和对应的温度，通过给数据贴标签 tag 来标记数据来源；另一种是多维度时序数据，如风机数据，包含风向、速度两组数据点，同样会用到 tag 进行标记。时序时空数据库(Time Series & Spatial Temporal Database，TSDB)在进行大规模存储和查询时会应用到分布式存储、分级存储、数据查询优化的核心技术，实现提高读写效率、降低成本、高效查询等目标。

1. 时序数据特点

时间序列数据通常有以下 3 个特点。

(1)结构特性：时序数据一般具有单向递增的时间戳，并且对于数据批量或特定删除的场景较少，数据清理一般基于时间窗口。

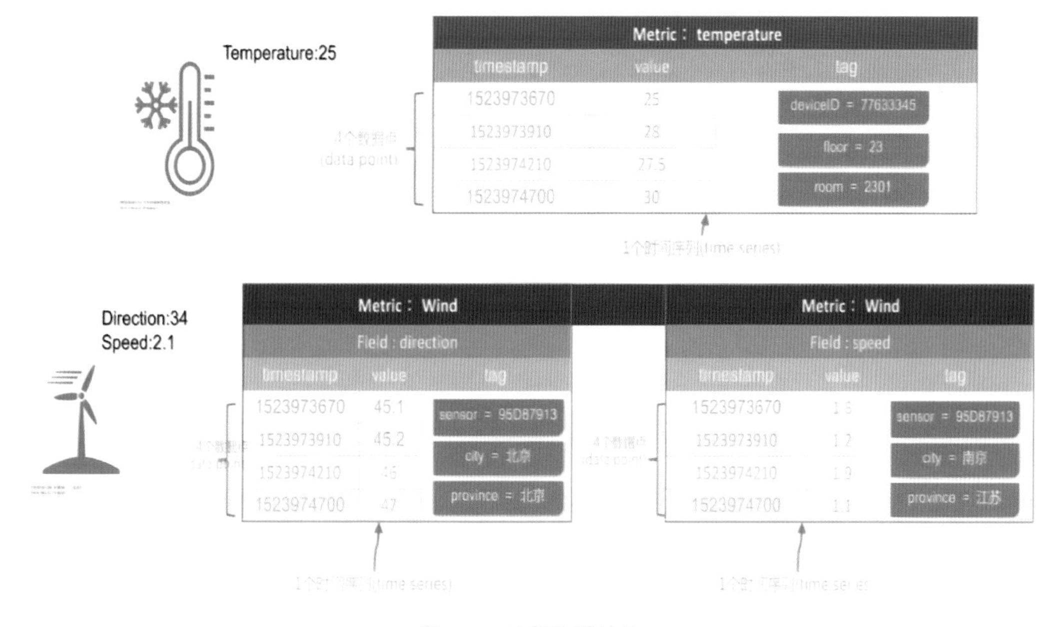

图 6-7　时序数据结构

(2)场景特性：由于在时间维度上的累计，时序数据的数据量通常较大且往往写多读少、读写正交。时序数据通常按照固定频率不断写入，写入数据量具有平稳可预测的特点，且读和写一般发生在不同时刻。和关系型数据库相比，因为应用场景的不同，通常不会涉及太多的事务性原则。

(3)应用特性：时序数据在应用上大多进行聚合趋势分析，较少单独查看某个数据。

2. 时序数据库的核心技术

(1)分布式存储优化：当数据较多，为提高数据写入速度，就需要对大规模时序数据进行存储优化，最直观的方式是对数据分布式分片存储。例如，根据数据字段(Field)的不同进行分片，将同方向的数据列存储于同一存储点，便于存储和查询。在复杂的情况下，需进一步对数据进行列与行的数据平衡操作。

(2)多级存储优化：在 TSDB 产品中，通过多级存储技术，根据数据的访问频率选择不同成本的存储方式，进一步降低数据存储成本。具体来说，访问最频繁、实时产生的数据存储在内存中，一天内产生的数据会存储在本机的缓存(Cache)中。最近一年的数据会转移到固态硬盘(Solid-State Drive，SSD)中，SSD 较高的随机读写能力能保证数据的快速访问，同时数据存储与计算相分离，满足降低存储成本的需求。对于一年以上的时序数据，访问频率较低，其被转移至更低存储成本的机械硬盘(Hard Disk Drive，HDD)中，并使用纠删码(Erasure Coding，EC)编码将三副本数据降低为一点五副本，进一步降低存储成本。通过使用多级存储技术能够很好地平衡访问速度和存储成本。

(3)数据查询优化：TSDB传统单机使用聚合查询，可借助索引搜索全表，但也面临单机的计算能力、性能不足的局限，当面对几千亿甚至上万亿的数据节点时，如何优化数据的查询成为时序数据库需要解决的问题。优化后的数据查询借助存储分片的方式，数据存入不同的分片(shard)节点，每个shard中的数据由独立计算节点访问计算，最后将各计算节点的数据汇聚后得到最终的查询计算结果。这种将存储与计算相分离的技术，能够实现计算的并发，得到更强的查询能力，是数据库性能优化的重要方法。

3. 时序空间数据应用方案

从空间角度来说，时空数据发展早期，时间和空间都为静态分别计算。随着车联网等移动互联网的出现，时间和空间都在发生改变，这时我们需要将时间数据和空间数据共同存储，就得到时空数据。一个典型的时空数据会沿着TSDB向外延展，基于地理数据存储，再结合专题数据作为基本数据层，通过更多支持时空的聚合函数，根据不同场景、不同业务情况，最终将这些基础服务对接到应用层，得到具体时空大数据分析应用，时空数据库基础服务套件示意如图6-8所示。

TSDB有关联的就是边缘计算，现今大量数据需要在短时间内被处理，对于数据不同的处理需求，百度以TSDB产品为基础提供了四级计算平台，处于中间的是中央数据中心，可提供无尽算力；向外拓展第一轮是可复用CDN网络，向全国各个省会城市提供计算节点；继续向外拓展，借助运营商的5G网络，将计算下沉到市县级，提供数十毫秒的处理延迟；最外围是物联网边缘，是用户自行部署的硬件，可提供几毫秒甚至亚毫秒的数据响应。

为配合实现边缘计算系统，百度智能云也提供了很多开源基础平台，帮助用户以更中立开放的方式引入边缘计算。如百度与开源社区合作，捐赠的智能边缘开源框架Baetyl，全面支持云原生架构，促进边云融合，帮助用户将数据在云和边缘上进行无缝切换。在实际应用场景中，通过边云融合的数据解决方案，来处理用户不同的数据处理需求，即典型的边云融合数据解决方案，左侧为边缘的推断执行，来自用户各类数据源的数据汇聚到用户自己可控的边缘硬件上，在该硬件上运行百度智能边缘服务程序。一旦在边缘进行了数据整理，对数据处理的精度和效能也同样

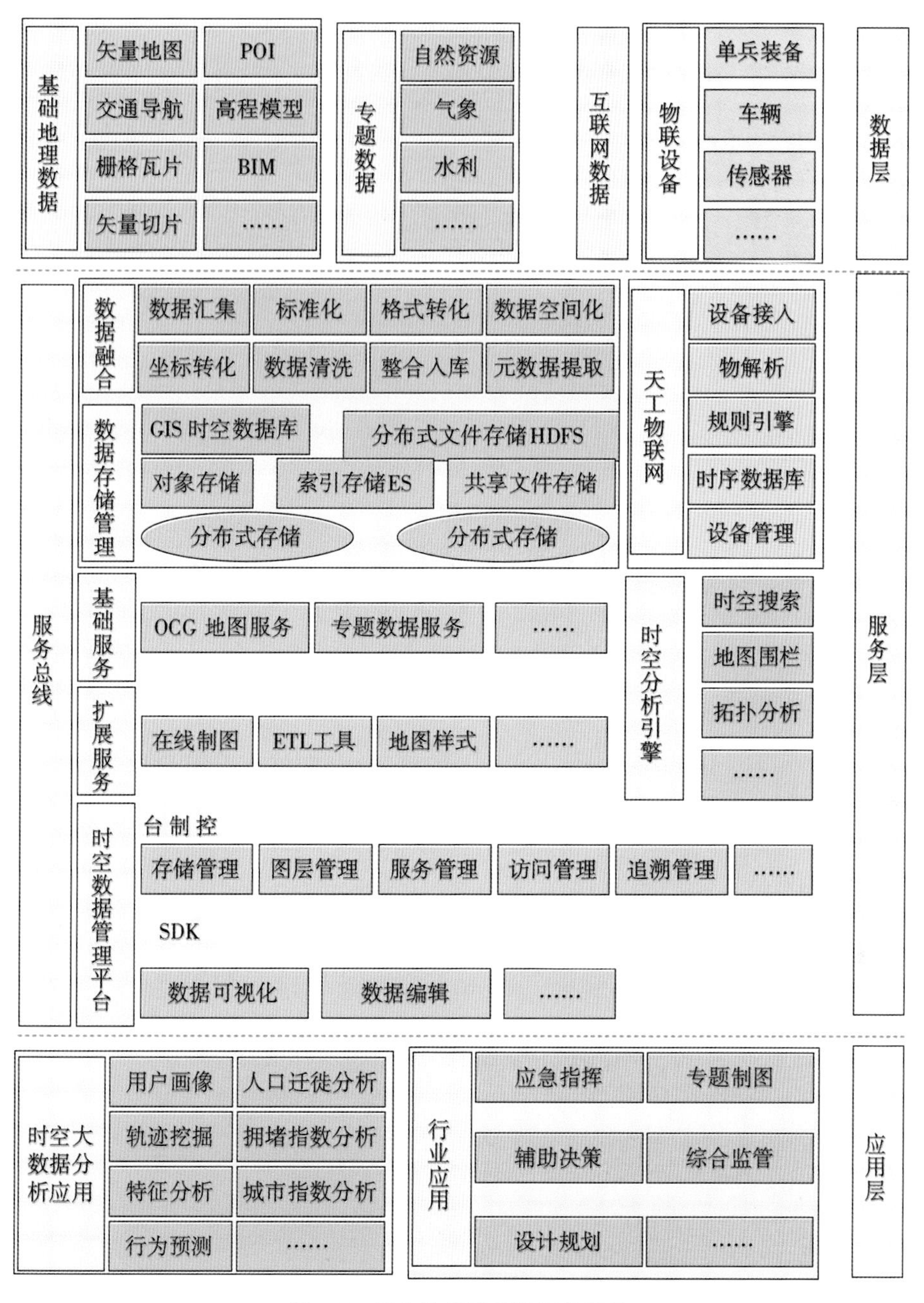

图 6-8　时空数据库基础服务套件

有要求，因此百度智能云天工智能边缘 BIE 也可提供经用户许可后，并脱敏处理的安全数据抽样上传到云端进行分析整理。在云端，用户可选择将数据暂存于天工时序时空数据库，与用户的其他先验知识传入大数据平台或者 AI 平台进行深度分析。

得到新模型后，可借助边云融合系统将模型加密后推送至边缘设备。基于知识下行通道，可以分钟级的速度升级边缘系统，相比传统的升级效率得到质的提升，百度典型云端融合计算框架如图 6-9 所示。

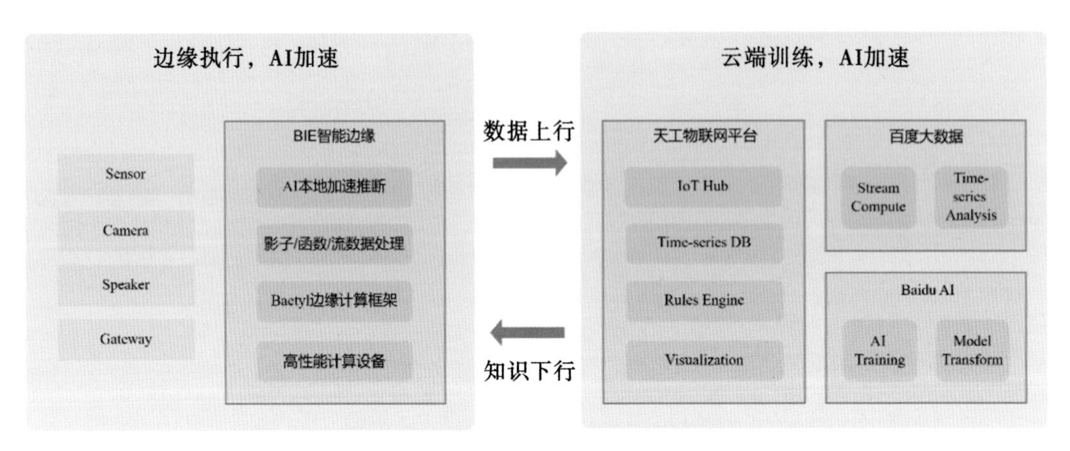

图 6-9　百度典型云端融合计算框架

6.1.2.4　典型商用时序数据库

时序数据库英文全称为 Time Series Database，提供高效存取时序数据和统计分析功能的数据管理系统，主要的时序数据库包括 OpenTSDB、Druid、InfluxDB 及 Beringei。时序时空数据库(Time Series & Spatial Temporal Database，TSDB)是一种高性能、低成本、稳定可靠的在线时序时空数据库服务，提供高效读写、高压缩比存储、时序数据插值及聚合计算等服务，广泛应用于物联网(Internet of Things，IoT)设备监控系统、企业能源管理系统(Energy Management System，EMS)、生产安全监控系统和电力检测系统等行业场景；除此以外，还提供时空场景的查询和分析的能力。

1. 百度时序时空数据库特点及典型应用

百度智能云天工时序时空数据库是典型的商业时序数据库(示意图如图 6-10 所示)，其需具有高性能读写、低成本存储、强计算能力、高可靠服务、多生态支持的能力。在时序数据库中接入的物联网设备数据，一种借由 IoT Edge SDK 使用物联网典型的消息队列遥测传输协议(Message Queuing Telemetry Transport，MQTT)协议接入物联网平台，数据经过快速预处理后，将被送入时序时空数据库 TSDB 中；另一种是通过其他数据中心使用超文本传输协议(Hyper Text Transfer Protocol，HTTP)等协议直接写入时序数据库。在数据查询端，可以支持物联网设备可视化展示和大数据分析。其中，物联网设备通过物联网平台建设的屏幕展示实时数据状况；基于SQL/API 的语义对接到大数据平台中，经由大数据工具进行分析，可以得到更高层次的数据认知或 AI 模型。

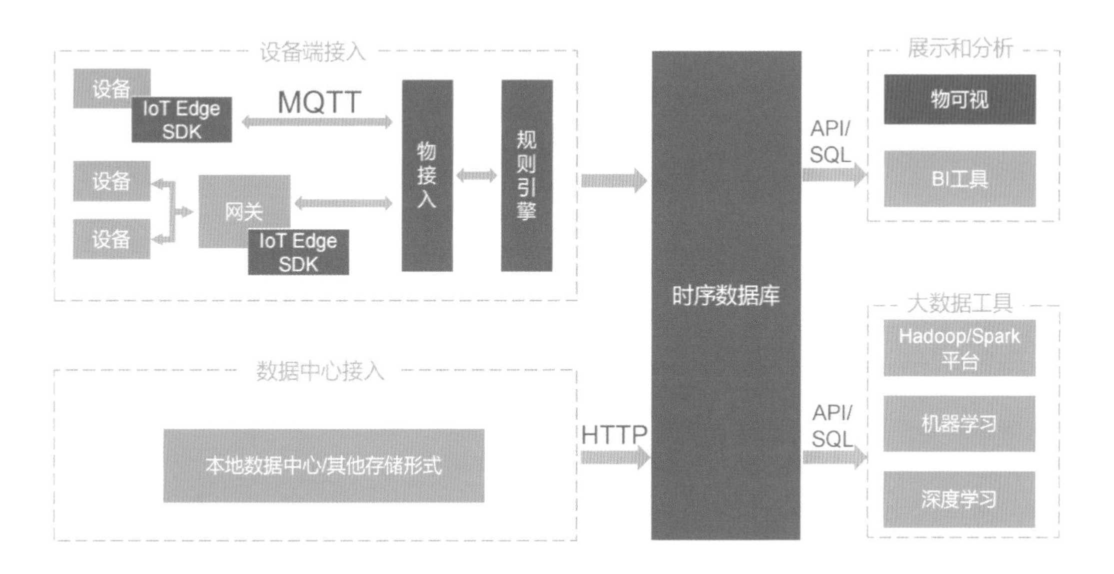

图 6-10　百度时序数据处在上下游的结构示意图

在百度自动驾驶的应用案例中(如图 6-11 所示)，为保证自动驾驶的安全，以及迭代自动驾驶模型，也应用了天工时序时空数据库来存储实时采集的每辆车自动驾驶时的运行状态。早期落地的无人公交系统，已实现公交数据实时上报，并借由百度智能云天工物联网平台进入时序时空数据库。基于此，后台运行系统可对自动驾驶交通车辆进行异常分析、故障统计、实时监控，来确保自动驾驶的安全可控，并积累更多的数据迭代模型，不断助力全自动驾驶技术的升级。

2. 阿里时序时空数据库特点及应用

阿里时序时空数据也是典型的时序数据库。Ganos 是阿里云开发的数据库时空引擎，用于在关系型数据库服务 PostgreSQL 中对空间/时空数据进行高效的存储、索引、查询和分析计算。Ganos 引擎历经高德、千寻、菜鸟、哈啰等不同 GIS 场景磨炼，使用简单高效，在稳定性、功能和性能上堪称“PostGIS++”。阿里时序数据

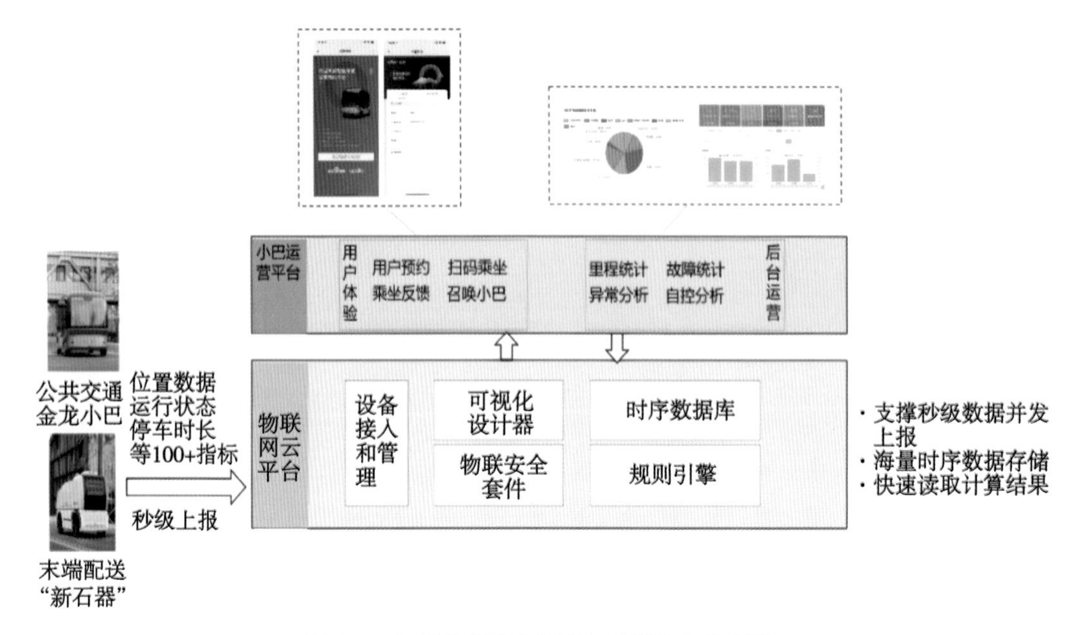

图 6-11　时序数据库在百度自动驾驶上的应用

库示意图如图 6-12 所示。

该引擎用于在关系型数据库服务 PostgreSQL 中对空间/时空数据进行高效的存储、索引、查询和分析计算。阿里时序数据库支持分布式集群架构水平扩展，支持千万物联网设备接入，具备高效压缩比。针对时序数据优化，包括存储模型、多值数据模型，时序数据压缩、聚合、采样，高效压缩算法，列存，边缘一体化。阿里数据库在性能处理方面，采用内存优先数据处理，分布式 MPP SQL 并行计算，动态 schema，实时流式数据计算引擎，海量时间线自适应索引模式。该时序时空数据库采用数据动态分区，水平扩展，动态弹性扩容，动态升降配规格；具备自动集群控制，线程级读写分离，多层数据备份，分级存储高效特征；以大规模指标数据、事件数据场景数据的并行支撑为特征。

该引擎对于空间数据支持情况如下：①高度兼容 PostGIS 语法，支持 GeoServer、QGIS 等丰富的开源生态，支持 2D/3D/4D 坐标空间与高维索引，复杂对象空间查询与分析性能提升 2 倍多。②存储和管理遥感影像、GIS 栅格、数字高程模型(Digital Elevation Model，DEM)数据，调用简单，无须复杂参数设置，支持强大 ACL 操作(栅格代数语言)、阿里云对象存储服务(Object Storage Service，OSS)降成本存储和各类查询处理操作。③该数据库是首款商用化移动对象数据库，支持人、车、船、飞行器等各类轨迹数据存储、管理和分析计算，支持时空 3 维/4 维建模，相较传统

图 6-12　阿里时序数据库示意图

轨迹点数据管理有 50~100 倍性能提升。④支持对大数据量激光点云数据的高效存储和管理，无损压缩率优于 30%，提供 40 多个空间关系、操作、统计值计算函数，支撑高精地图生产、三维数字城市等应用。⑤支持基于 Node-Edge 模型的路网构建，支持旅行商问题(Traveling Salesman Problem，TSP)、多条线路最短路径(K-Shortest Path Routing，KSP)、转向限制的最短路经(TRSP)等各类算法的最短路径规划。⑥基于 GeoSot 全球网格剖分理论设计，支持空间/时空对象打码，按对象查编码、按编码搜对象，支持北大旋极网格大数据引擎一体化解决方案。⑦快显模型支持特点：客户端可通过与数据库实时交互，秒级快速可视化访问“亿级规模”多边形地物。亿级数据创建索引仅需分钟级并消耗仅 5%的额外存储空间，挑战大体量的矢量数据入库后即时全局浏览的业界难题。

阿里云提供的 DataV 数据可视化(图 6-13)是使用可视化应用的方式来分析并展示庞杂数据的产品。DataV 旨在让更多的人看到数据可视化的魅力，帮助非专业的工程师通过图形化的界面轻松搭建专业水准的可视化应用。

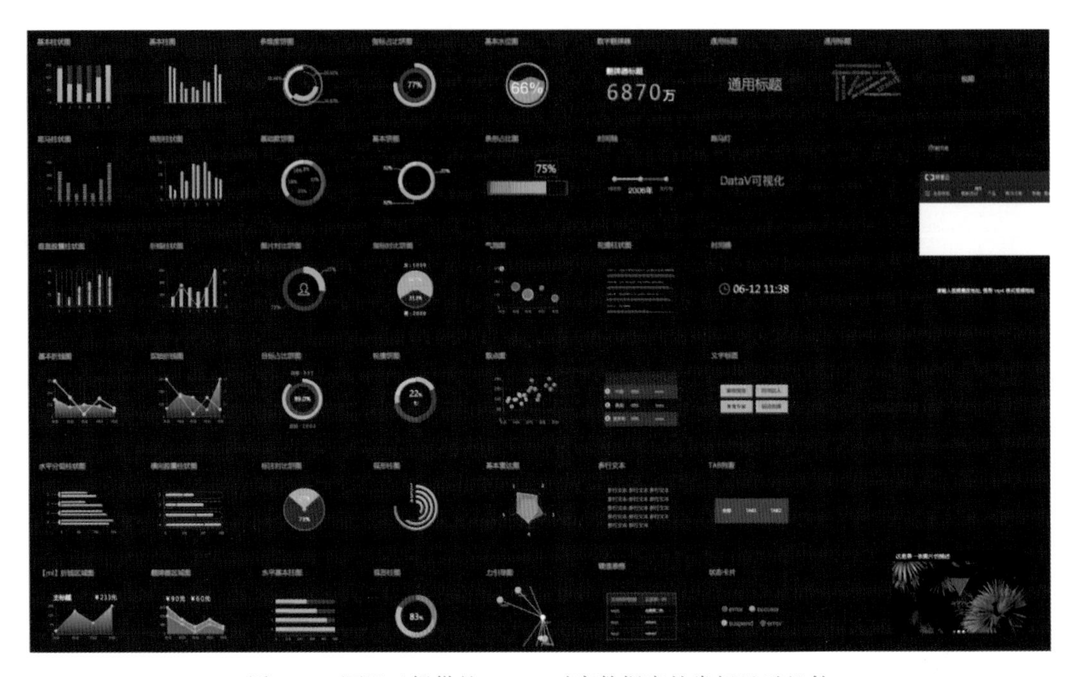

图 6-13　阿里云提供的 DataV 时序数据库的常规显示组件

DataV 数据可视化是使用可视化应用的方式来分析并展示庞杂数据的产品。DataV 将游戏级三维渲染的能力引入地理场景，借助图形处理(Graphics Processing Unit，GPU)计算能力实现海量数据渲染，提供低成本、可复用的三维数据可视化方案，适用于智慧城市、智慧交通、安防监控和商业智能等场景。DataV 支持各类基础图表，接入 ECharts、AntV-G2 等第三方图表库，即便没有设计师，也能搭建出高水准的可视化应用。DataV 支持地理轨迹、网格聚合、矢量散点、地理飞线、热力分布、3 维(3D)地球等效果，并支持同一个地理数据多层叠加。DataV 支持接入包括阿里云分析型数据库、关系型数据库、本地 CSV 上传和在线 API 等多种数据源，并支持动态请求。

6.1.3　地球空间场景多尺度重建

对于数字孪生世界中重建的物理世界场景，细致到构成各个精细部件的点、线、面、子实体等对象，再到部件本身，都可以有对应的属性信息。由精细部件对象，再到更高一级或多级的尺度的场景对象某个状态下的属性信息，或者是源源不断更新的数据流、信息流，可以在数字孪生虚拟世界对应映射到对应场景、实体、对象，进而在数字场景中孪生出现实世界中特征信息或者动态变化信息，最终在计算机这个数字世界中，形成与真实世界孪生同步的虚拟环境。

数字孪生与大数据、云计算、高精地图、深度学习等能力的结合，能够参照真实世界快速自动构建三维场景，并且持续自我学习、训练、进化，从而能够基于有限采集数据生成海量场景，形成数据与场景的全流程闭环。实景三维是对人类赖以生存、生产和生活的自然物理空间进行真实、立体、时序化反映和表达的数字虚拟空间。实景三维相关行业在不断发展成熟的过程中，已不再满足于仅能做展示效用的大尺度三维模型“一张皮”，而是对尺度和模型可用性提出了更高要求——尺度要“从二维走向三维，从室外走向室内，从地上走向地下”，应用中要“增强模型无人化处理，提升三维数据转化成各行业可应用信息的能力”。

6.1.3.1 大场景自动/半自动建模技术——三维地上地表地下全空间场景建模

地理空间信息平台通过空间规则、拓扑关系等进一步记录现实世界中各种对象的内部结构、对象与对象之间的相互关系，进而可以在孪生世界中存储、管理并索引，进而支撑虚拟世界中一一映射的对象，可以像真实世界内部连接模式一样，实现实体内部及实体与实体之间空间关系逻辑的衔接与模拟。三维地表、地下、地下三维建模效果如图6-14所示。

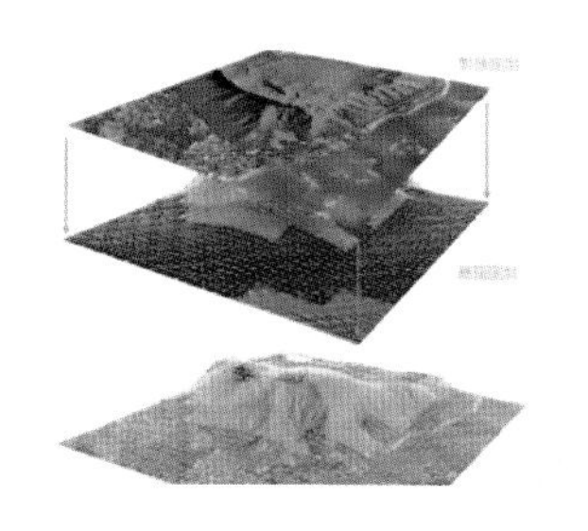

地表模拟

地表及地上景观建模

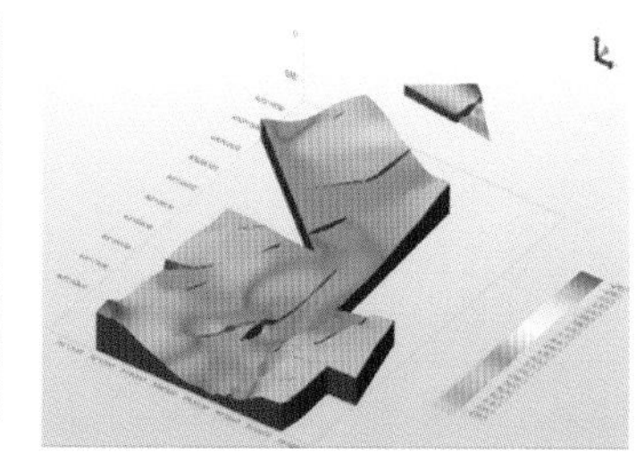

地下三维模型

图6-14 三维地表、地下、地下三维建模效果图

1. 地形曲面建模

地形曲面建模依赖地表高程点和特征线等构建起栅格模型，进而基于地形图中提取出地形信息(高程点、等高线、断裂线等)，并在辅助高程点、等高线等地形数据添加的基础上，建立起地形曲面模型。

2. 地上下建筑物/人工实体快速建模

城市建筑物、地表景观等，可以抽象出规则几何的形状，进而快速建立起地表场景中的三维模型。然而，这样只基于矢量数据构建起的模型还是白模，需要结合场景纹理等，批量建立起场景中的三维模型。

3. 地质结构体和地质属性体建模

利用矢量文件及属性约束等代表的地质构造特征等，可以通过栅格体建模方法，构建起地质结构体模型。地质结构体模型表达地质块状特征。然而，要进一步构建描述地质属性特征，还需要构建起栅格单元代表的属性模型。

4. 属性模型体建模

复杂电磁环境信号模拟系统是一套针对复杂电磁环境模拟的半实物仿真测试系统。该系统能够通过图形化界面编辑想定任务场景，通过参数化仿真模型，完成装备平台和电子装备建模、收发天线阵列建模、电波传播建模、交互对抗建模、自然环境建模等，模拟作战任务下的雷达探测场景、通信指控场景、电子侦察场景、电子对抗场景和隐身突防场景，实时驱动硬件设备输出待测系统接收端面对的复杂电磁环境信号，完成平台及装备的功能测试和性能鉴定。其中，三维结构模型还可以和属性数据构建的模型进行三维空间分析，实现以地质结构体为空间约束条件的表面分析、体分析等。图 6-15 为飞机和轮船机身天线布局及电流分布情况展示图。

6.1.3.2 中尺度自主/半自动建模——基于倾斜摄影技术的室内外场景三维重建

测绘航空摄影(大幅面框幅数码航摄、激光 LiDAR 航摄、ADS 系列推扫式航摄、无人机航摄、倾斜航摄)及数据处理制作的高精度数字高程模型(DEM)、数字正射影像模型(Digital Orthophoto Map，DOM)、数字表面模型(Digital Surface Model，

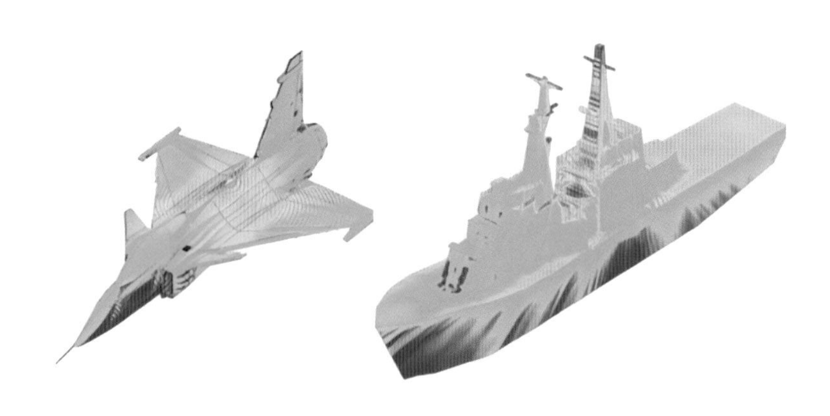

图 6-15　飞机和轮船机身天线布局及电流分布情况展示图

DSM)，可以为数字城市三维建模、三维数字地球等应用提供二维/三维场景数据服务等。实景三维模型的真实感，来自其现实、直观的质感，这种和现实相同的色彩，源自无人机在空中拍摄的影像。从三维场景数据采集的拍摄角度来看，无人机影像主要分为垂直影像和倾斜影像两种。通过在同一飞行平台上搭载多台传感，同时从垂直、前方、后方、左侧、右侧等多个不同角度采集影像，可以实现建筑物全方位高精度的精细三维重建。基于倾斜摄影的三维场景重建主要包括点云离散化、白模构建、纹理贴图三个过程。

倾斜摄影测量通过对相邻影像进行计算，基于相邻影像之间重叠部分的同名点进行影像匹配，获得相邻影像之间的视差和深度(距离)信息。基于这些关系，通过影像密集匹配将影像中的各像素在三维空间中进行离散化，成为三维空间中一个个离散的带有彩色的点，称之为“彩色点云”。相邻影像之间的空间关系解算示意如图 6-16 所示。

三维彩色点云的彩色属性代表点云的空间位置。根据三维离散将点云的彩色信息映射到白模表面(图 6-17(a))，形成既有几何外观、又有真实彩色纹理的实景三维模型(图 6-17(b))。

倾斜摄影技术通过多张场景影像的同名点坐标匹配，构建起场景中的三维场景模型。倾斜摄影技术建模结果与真实场景中的效果较一致，多张影像可以解决视觉遮挡等问题。在计算机视觉领域，Wu 等(2020)提出的采用从单张原始图像中学习三维可变形对象的几何轮廓方法，该方法基于输入影像自编码深度、反照率、视点和光照特征，并基于对象的对称结构来无监督地分解这些组分。研究显示该方法在利用单景影像重建人脸、猫脸和汽车方面具有较好的精度(见图 6-18)。

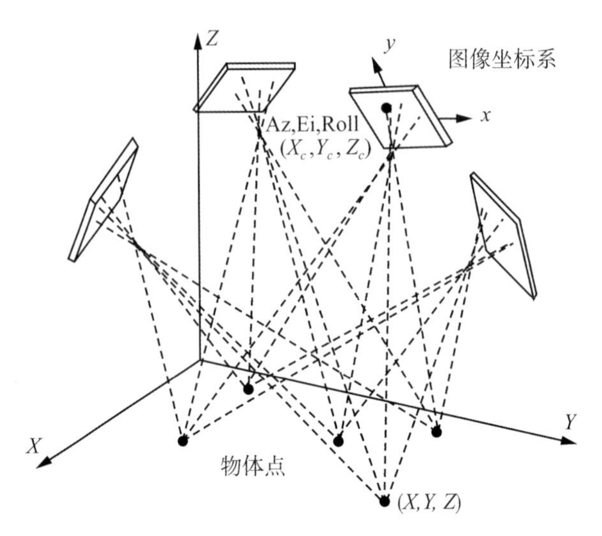

图 6-16　相邻影像之间的空间关系解算示意图

（a）基于倾斜影像的白模效果图　　（b）基于倾斜影像的三维建模效果图

图 6-17　基于倾斜影像数据的三维场景重建图

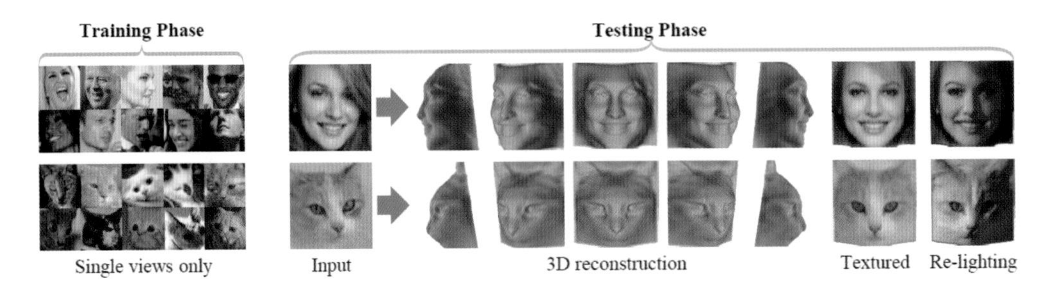

图 6-18　基于单张图像进行三维几何特征学习并重建模型的效果图

6.1.3.3 小尺度人工精细建模——室内外场景建模技术

采用3D Max、Maya等精细建模软件，可以构建起场景中的精细模型。同时，对室内场景部件级精细模型，也可以采用建筑信息模型(BIM)建模技术进行精细化建模。其中，BIM核心是通过建立虚拟的建筑工程三维模型，利用数字化技术，为这个模型提供完整的、与实际情况一致的建筑工程信息库。该信息库既包括建筑工程信息的几何信息，还包括专业属性及状态信息，还包括了非构件对象(如空间、运动行为)的状态信息。

BIM技术大大提高了建筑工程信息集成化程度，从而为建筑工程项目的利益相关方提供了一个信息交换和共享的平台。BIM能够提供模拟在真实现象中不能够操作的特性，如节能模拟、紧急疏散模拟、日照模拟、热传导模拟等。Autodesk公司的Revit建筑、结构和设备软件。Bentley建筑、结构和设备系统软件、ArchiCAD等，是常用的BIM建模软件。BIM建模效果如图6-19所示。

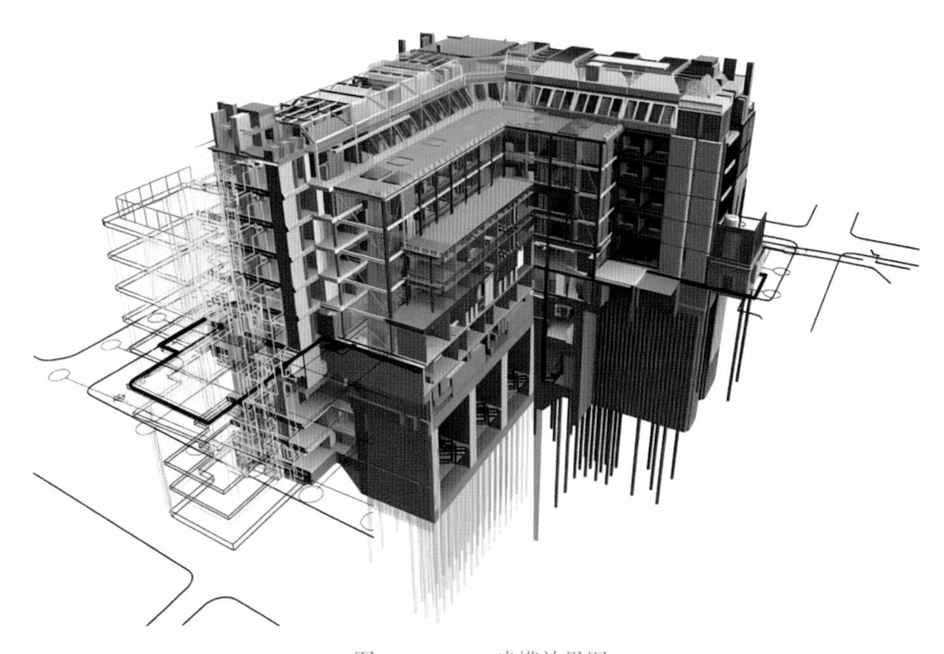

图6-19 BIM建模效果图

基于三维激光点云数据也可以对三维场景进行重建。点云是目标表面特征的海量点集合。当我们利用三维激光扫描仪扫描某建立物表面时，可以获得大量密集点，这些点带有三维坐标(*XYZ*)、激光反射强度和颜色信息(RGB)等信息，它们共同创建了可识别的三维结构。在三维激光扫描的过程中，点云数据的获取常受到物体遮挡、光照不均匀等因素的影响，容易造成复杂形状物体的区域扫描盲点，形成孔洞。由于扫描测量范围有限，对于大尺寸物体或者大范围场景，不能一次性进行完整测量，必须多次扫描测量，因此扫描结果往往是多块具有不同坐标系统且存在噪声的点云数据，不能够完全满足人们对数字化模型真实度和实时性的要求，所以需要对三维点云数据进行配准、去噪、简化及补洞等预处理。

点云数据配准即是对点云数据拼接或坐标纠正。由于目标的复杂性，通常需要从不同方位扫描多个测站，每个测站都有自己的坐标系统，这就要求将不同坐标系统进行统一，进而实现三维场景重建。最常见的拼接方法是基于扫描站公共区域的标靶进行拼接的方法；基于点云的拼接方式要求在扫描目标对象时有一定区域的重叠度，且目标对象的特征点要明显。基于点云拼接方法的效果直接受重叠区域特征点匹配结果的影响。第三种方法是基于控制点进行拼接。这种方法采用全站仪或 GPS 技术确定公共控制点的大地坐标，然后用三维激光扫描仪对所有公共控制点精确扫描，再以控制点为基站直接将扫描的多测站点云数据与其拼接，即可将扫描的所有点云数据转换成工程实际需要的坐标系。

点云数据扫描时，会受到扫描设备、周围环境、人为扰动、目标特性等影响，使得点云数据无法避免存在一些噪声，导致数据无法正确表达扫描对象的空间位置。数据去噪的方法中，基于有序点云数据用平滑滤波去噪法，主要采取的是高斯滤波、均值滤波及中值滤波；基于散乱点云数据去噪的常用方法有拉普拉斯去噪、平均曲率流方法和双边过滤波算法。

点云数据精简是在精度允许下减少点云数据的数据量，一种分为去除冗余与抽稀简化。冗余数据是指在数据配准后，对重复区数据进行去除；抽稀简化是针对扫描数据密度过大、数量过多，一部分对于后期建模用处不大的数据，在满足建模精度和被测物体几何特征的前提下进行数据精简，进而提升数据的操作运算速度、建模效率和模型精度。

点云数据分割是针对较复杂的情况，一般会对点云数据分割，然后再分别建模最后再进行组合。点云分割遵循：①分块区域的特征单一且同一区域内没有矢量及曲率的突变；②分割的公共边尽量便于后续的拼接；③分块的个数尽量小，可以减少后续的拼接复杂度；④分割后的每一块要易于重建几何模型。点云数据分割主要有基于边、基于面和基于聚类的分割方法。

点云数据建模中，业内常用的软件为 ContexCapture，是可以实现由简单的照片和/或点云自动生成详细三维实景模型的软件。该软件可以对各种对象各种数据源进行精确无缝重建，实现从厘米级到千米级，从地面或从空中拍摄。该软件可以生成各种 GIS 格式的精确地理参考三维模型，包括正射影像和新的 Cesium 3D Tiles，并将瓦片范围和空三成果导出为 KML 和 XML 格式。

6.2 智慧地球全域情景孪生认知

本节将从物理域、社会域、信息域、认知域四个方面，分别讲述基于智慧地球的空间环境认知、社会经济与人类活动认知、信息技术认知和社会舆情认知。

数字孪生认知可以视为现实环境的科学认识。认知以地球环境的感知为前提，是在感性认识基础上对于内在特征的递进认识。感知体现的是视觉、听觉、味觉和触觉等，是对于事物个别属性的认识，是人们对现实世界认知的知觉是对某种事物的各种属性及它们相互关系的整体反映。智慧地球数字孪生场景对客观事物信息直接获取是进行认知和理解的前提，即孪生世界中感知获取的丰富的数据底座，孪生世界中提供的智能分析、高性能计算、信息挖掘等技术，是实现智慧地球数字孪生认知不可或缺的支柱信息和技术。

数字孪生环境认知技术离不开人工智能技术的支持。人工智能技术是一种基于特定逻辑并结合相应的信息特征知识进行智能推测及分析的一种技术。人工智能是一种智能的学习以及解决问题的技术，并且尽量使求解结果与正确结果之间的误差最小。机器学习是人工智能的子集，而深度学习又是机器学习的子集。机器学习往往需要人为对于特征提取过程进行参与，再结果内部逻辑，再建立起特征对应于输出结果之间的学习模型，进而得到预测输出；而深度学习往往来自提取特征、自学习样本与结果之间的深度学习模型。人工智能、机器学习和深度学习之间的关系如图 6-20 所示。

6.2.1 物理空间环境场景认知

空、天、地、海都属于孪生地球认知认识物理域研究的主体。从场景空间范围视角，在最完整的地球场景下，孪生映射的地区、国家、城市等场景，还可以进一步细分到街区、建筑、部件等多源、多尺度的主体。其中，空-天-地-海环境及其自然环境演化特征的监测，是进行信息收集与分析的重要手段，可以采用空-天-地一体化监测设备，包括卫星遥感、航空摄影、飞艇或无人机监测、地表的固定或移动

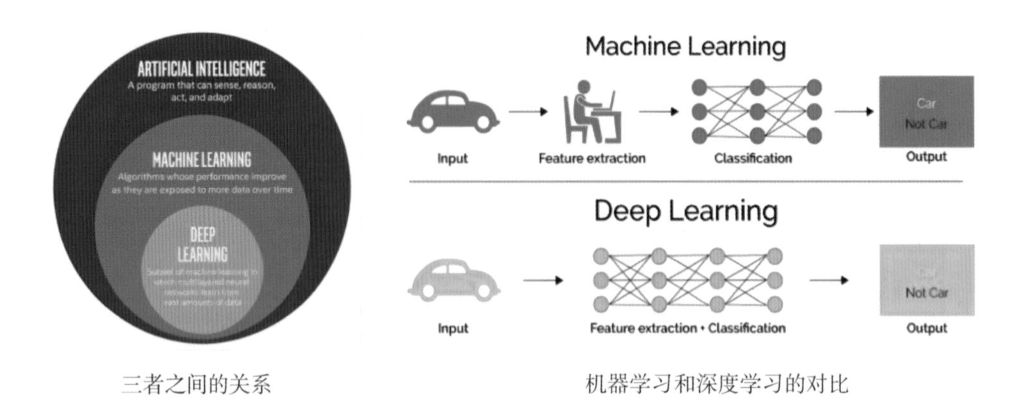

三者之间的关系　　　　机器学习和深度学习的对比

图 6-20　人工智能、机器学习和深度学习之间的关系

监测设备、海面或者水下监测设备进行动态监测。

卫星、太空望远镜、地基是太空环境认知的重要设备。美国 NASA、欧空局(见图 6-21(a))等发射了大量的用于导航、遥感监测及视频凝视的卫星装备，形成了高时间分辨率、高空间分辨率的对地观测体系。太空中可能爆发的太阳耀斑、太阳雨等灾害性空间天气，影响航天器、卫星等高精度电子设备的安全。天空中飘浮着的太空垃圾等碎片(见图 6-21(b))，游离悬浮在卫星运行轨道上，会对太空中运行卫星以及进入航天飞行器等的安全造成威胁(Hilman，2017)。

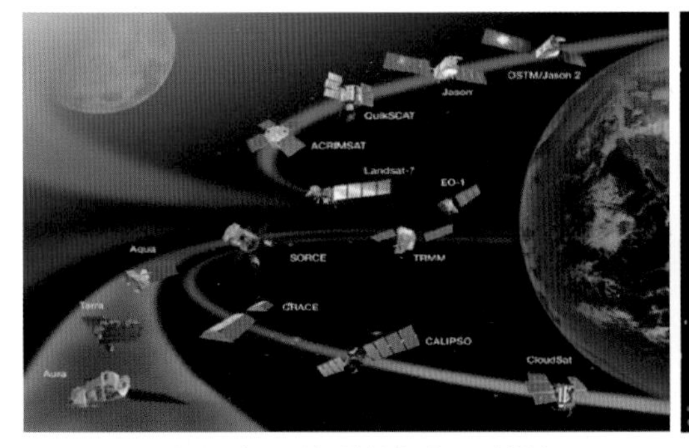

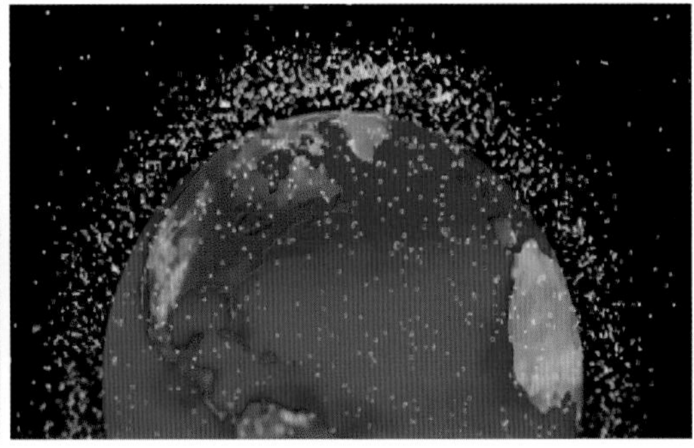

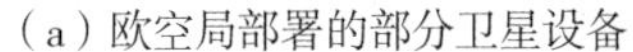

(a) 欧空局部署的部分卫星设备　　　　(b) 威胁其卫星安全的太空垃圾分布

图 6-21　太空环境监测的卫星装备及威胁其安全的太空垃圾情况

以大气监测为例，结合气象卫星、气象雷达、超声波气象探测装备等，可以实现对大、中、小尺度的气象要素、大气组分、气溶胶含量等进行实时监测，以支撑孪生世界中对于天气环境的孪生映射，并结合数值模拟、平行预测等技术，实现多尺度天气过程及灾害性天气现象等的监测预警。

在陆面环境监测方面，地面环境空间信息及变化特征的监测以及感知，是提取陆面环境变化特征并进一步预测并超前预警自然灾害变化的重要前提。以地球表面的滑坡、泥石流等地质灾害监测为例，在孪生地球环境中，采用地面气象站点、裂缝计、GNSS等精准监测设备，并结合天气雷达、低轨-静止-极轨卫星等监测手段，采集并获取地面环境的时序动态变化特征，以地基、山基、空基、天基等一体化传输链路为保障，可以为地质灾害隐患区域的连续监测、地质灾害隐患区异常变化特征的智能感知服务等提供技术保障，进而为数字孪生数据底座环境地质灾害风险演化预测预警等数字孪生认知服务夯实基础。

在海洋监测环境方面，结合卫星、无人机、测量船、浮标等监测平台，通过水色传感器等，可以有效实现海洋水文过程、水色物理参数以及海洋水动力等特征进行监测(见图6-22)。面对海量监测信息，AI技术可以在监测信息基础上，智能分析出海洋环境变化特征。以海洋气象水文监测为例，“风云三号”气象卫星微波成像仪可以监测陆面和海洋的温度、大气、水分含量等，可以反演得到地表温度、土壤湿度、洋面温度、洋面风速、海冰、积雪、云水、液水、降水、大气柱水汽总量等多种地球物理参数。“风云三号”微波成像仪的产品可以分为大气、海表和陆表三种类型。其中，大气产品包括降水、云水含量、大气可降水等产品；海表产品包括海温、海冰和海面风等产品；陆表产品包括土壤水分、积雪深度和陆表温度等产品。

图6-22 海洋环境大气要素监测感知

6.2.2 社会系统与行为体时空轨迹认知

社会域认知方面，在物理空间和基础设施等活动环境中，挖掘分析人、车行为时序大数据的时空特征，可以在一定程度上反映社会经济及人类活动。数字孪生世界的构建并非只为图形化的观赏，它能快速量化统计，进而智能分析，帮助人们深层次地理解城市问题、支持决策。基于环境感知及孪生数据底座的智能认知如图6-23所示。

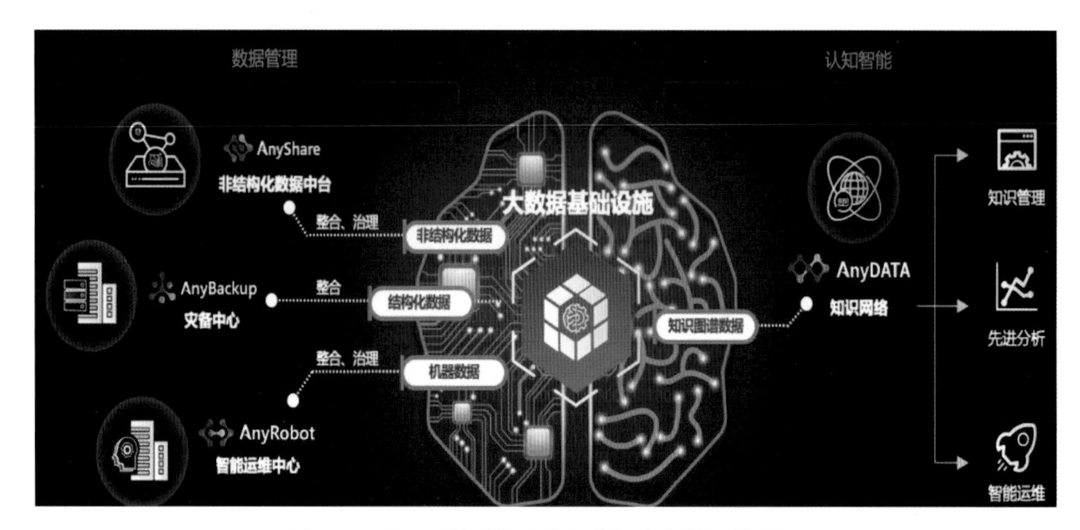

图 6-23 基于环境感知及孪生数据底座的智能认知

在人车轨迹监测方面，随着使用 GPS、公共无线网络的定位技术得到普及，实现了低成本地收集人和车的实际移动位置信息。按照时间顺序排列这些位置信息，生成轨迹数据，将该数据运用于城市规划、交通政策立案、市场等领域，可实现社会系统的效率化，获得商业上的竞争优势。利用移动手机的用户信令数据，可以通过用户在出行过程中接入周边基站产生的位置数据，再利用用户手机信令数据获取到匹配到路网上的用户移动轨迹，进而得到用户的移动数据。例如：交通热力地图显示某个区域内车辆很密集；时空智能将针对回溯找出车辆密集的原因，对"数字化万物"进行时空模拟运行，车辆和人员的时空轨迹分布热力图如图 6-24 所示。

对于特定区域、特定时间段的人车轨迹形成的热力图来说，时空大数据平台存储着这一系列在真实世界中产生的、带有精准时间戳的矢量坐标。这些精准的矢量坐标是进一步智能分析热力图时空特征的关键信息。再进一步附加上产生这一系列矢量坐标点的人或车辆主人的社会属性，如性别、年龄、职业等，就可以进一步从自然人属性的角度，进一步分析区域性热力分布特征与城市规划管理需求之间的协调性，进而为城市规划、交通疏导等协调与供给矛盾，提供科学决策支撑。

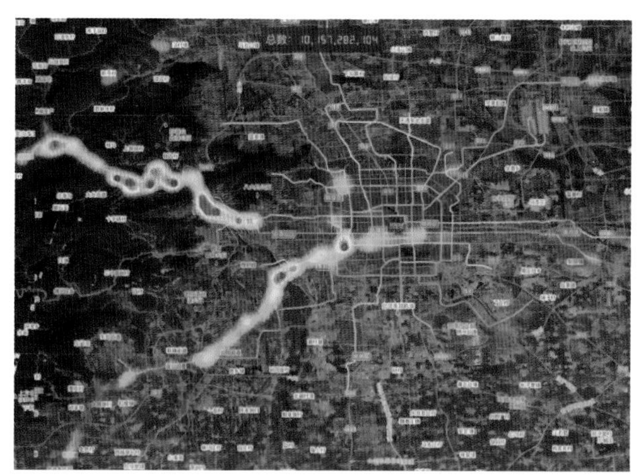

（a）车辆时空轨迹热力图

（b）人员时空轨迹热力图

图 6-24　车辆和人员的时空轨迹分布热力图

对于特种行业来说，轨迹信息还可以采用 GPS 技术为支撑的精准定位技术产生的数据，进而形成亚米级定位精度的数据支持。以机场内飞机和特种车辆运行中的精准定位需求为例，机场地面车辆与飞机、车辆与车辆之间都存在发生碰撞的隐患，在大风大雾等恶劣天气情况下尤是如此。基于北斗和超宽带(Ultra Wide Band，UWB)技术的机场车辆调度系统综合运用了北斗定位、UWB 定位、智能控制、4G 通信等多种技术，可以支撑特种车辆行进间的厘米级或亚米级精确定位，进而在车辆空间可视化监控管理基础上，实时保障运行过程中的各种突发事件，并可以对特种车辆运行危险状况(如超速、越界等)进行预警。图 6-25 展示了民用场景下的特种车辆精准定位技术。

图 6-25　民用场景下的特种车辆精准定位技术

在无人驾驶领域，除了人车轨迹时序大数据的时空特征监测感知外，还需要精准地预测其行动趋势。对于智能驾驶、无人驾驶来说，精准定位无人驾驶车辆自身的轨迹，是行驶过程中实时导航的重要前提。同时，还需要对于路面行为参与者(其他机动车、非机动车、行人等)的行为进行精准感知。不仅需要实时评估无人车行驶环境中路面行动参与者距离无人车的物理距离，还需要实时、精确地预测出路面行为参与者可能作出的行动，进而支撑智能驾驶作出相应判断。基于遥感及激光雷达的精准测距离，是支撑无人驾驶智能感知的重要技术。激光雷达具有精准测距的优势，基于红外或光学摄像头的计算机视觉感知技术，可以进一步分辨场景中物体的对于运行区域环境及行驶区域的参与个体感知的重要技术。如基于激光雷达 3D 点云，专门为自动驾驶环境感知开发的 AI 感知软件 RS-LiDAR-Perception，可以支撑人、车复杂道路场景的无人驾驶(见图 6-26)。

图 6-26 智能驾驶中的路面环境交互式感知技术

6.2.3 信息安全态势与电磁环境孪生认知

1. 信息安全态势感知

网络环境安全态势感知是信息域智能认知重要内容。态势感知最早源于美国军方对抗中的研究，目标是了解双方情况，以便作出快速而正确的决策，达到知己知彼、百战不殆的目的。网络环境的态势感知(Situation Awareness)，是在一定的时间和空间范围内，对企业的安全态势及其威胁环境的风险进行感知，并对它们未来的状态进行预测。

网络环境态势感知系统一般由主系统、采集装置、探针组成。主系统和采集系统可能是连接在一起，也可能是分开由主系统来控制的。硬件设备，如防火墙、堡垒机、入侵防御系(Intrusion Prevention System，IPS)、漏洞扫描等安全设备连接到采集装置上，SYSLOG 等设备本身采集的信息则由 Web 应用防护系统(Web Application Firewall，WAF)发送到上送系统。网络流量也是态势感知的重要信息。网络流量主要由交换机、路由器作为端口镜像，向态势感知主系统上送用来进行数据分析的网络流量。安全产品、WAF、服务器、漏洞扫描等，都属于信息环境网络安全威胁感知探针。在收集包信息、配置信息、流量信息、日志信息的基础上，态势感知主系统在人工智能、机器学习等分析模块及数据挖掘核心模块的支持下，将会对信息网络环境安全状态进行研判，并对未来安全变化趋势的智能预测。安全态势感知岗位分工示意如图 6-27 所示。

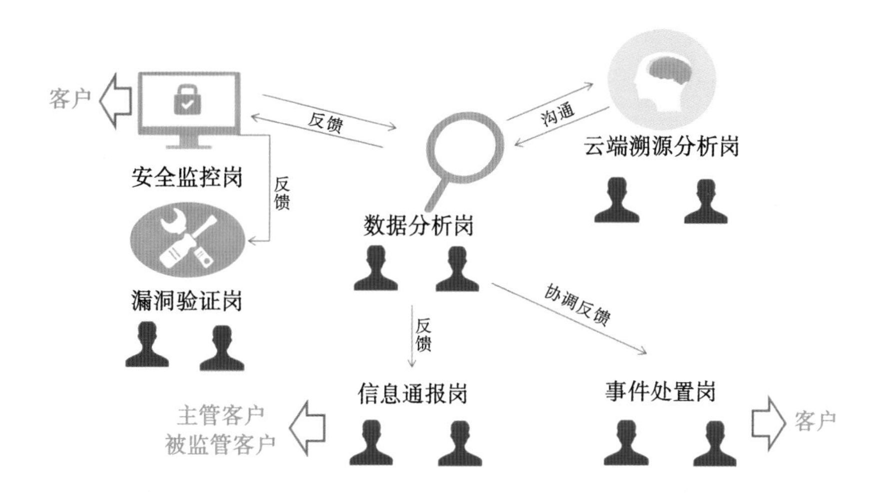

图 6-27 安全态势感知岗位分工(360 企业安全副总裁张翀斌，2017)

在网络环境态势感知的理解方面，从在时间维度视角，安全运维中心或者用户需要利用已有实时或准实时的检测技术，分析更长时间的数据以发现异常行为。从内容维度角度来看，需要覆盖到网络流量、终端行为、内容载荷三个方面的监测。其中，基于流量特征的实时检测，如 WAF、IPS、下一代防火墙(Next Generation Firewall，NGFW)等；基于流量日志的异常分析机制，如采用流量传感器、Hunting、用户与实体行为分析(User and Entity Behavior Analytics，UEBA)；针对内容的静态、动态分析机制，如采用沙箱技术；基于终端行为特征的实时检测，如采用 ESP；基于终端行为日志的异常分析机制，如采用终端检测和响应(Endpoint Detection and Response，EDR)、Hunting、UEBA 等。

信息域网络环境态势感知的目的是提供网络安全持续监控能力，及时发现各种攻击威胁与异常，特别是针对性攻击；建立威胁可视化分析能力，对威胁的影响范围、攻击路径、目的、手段进行快速研判，目的是有效的安全决策和响应；建立风险预报和威胁预警机制，全面掌握攻击者目的、战术、攻击工具等信息；利用掌握的攻击者相关目的、技术、攻击工具等情报，完善防御体系。图 6-28 为安全态势感知与协调指挥平台。

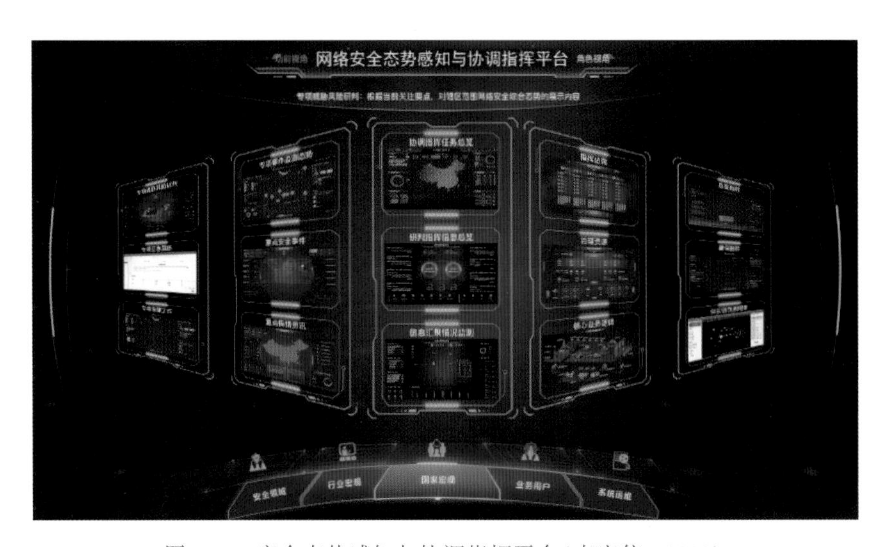

图 6-28　安全态势感知与协调指挥平台(奇安信，2020)

网络环境态势感知产品、通用的态势感知框架，以及比较再交换算法(Cyberspace Situation Awareness，CSA)主要包括以下七个部分：多源数据采集、数据预处理、事件关联与目标识别、态势评估、威胁评估、响应与预警、态势可视化显示及过程优化控制与管理。态势感知的七类主要使用场景是：①来自内部的威胁，如盗窃或越权使用企业数据资产；②来自外部的高级持续性威胁，如实时识别威胁，找出需要注意的重点，并且要实现网络安全态势感知中的误报和漏报的平衡；③对于关键数据的保护，如保护组织资产；④云安全，如识别云服务中的恶意和可疑活动、被盗取的凭证用于访问云服务、内部人员未经批准将敏感数据复制到云服务中；⑤管理风险和漏洞，如漏洞和风险的评估、内置和第三方漏洞扫描支持、网络拓扑分析、网络威胁分析；⑥安全响应，如通过人、流程与技术结合，实现对于威胁事件进行有效的安全响应；⑦监测信息系统的使用。

2. 电磁环境感知与认知

在战场上，美军士兵会配备各种通信和 GPS 设备，基本上每一种设备会发射自己的无线电波。无论是手机、SOS 信标、手持无线电还是 Wi-Fi，这些射频波都可以追溯到它们的源头。美国海军信息战中心(Naval Information Warfare Center，NIWC)大西洋团队已经开始试验一个传输检测系统的原型(图 6-29)，该系统使用了投射在用户真实环境之上的 AR 视觉效果，为识别自己的射频波提供了一种精确的免提方法。操作人员可以使用语音识别技术和物理手势的组合来浏览与检测到的射频波有关的各种信息，使他们能够定位和停用任何传输，同时还要注意周边环境的危险情况。

图 6-29　美军开发的便携式射频波定位的 Spectrum Hunter 原型系统

普通雷达的探测机理主要是通过发射电磁波，也就是“微波”来探测目标。当前，日趋复杂的战场环境要求雷达既能搜索远距离目标，又能发现近距离目标；既能探测中空、高空目标，又能指示低空目标；既能进行多目标搜索、跟踪，又能进行制导和导航；既能轻松识别强目标，又能有效探测到低、慢、快、小、隐等低可观测目标。传统雷达若要完全达到上述要求，在技术上较困难。

复杂战场环境存在检测难识别的问题，开展基于机器学习的智能动态感知技术研究，探索智能感知的新激励新方法和新技术，形成具有智能化特征的电磁频谱侦察能力，是解决战场环境面临的电磁密集复杂、动态多变等问题的有效技术途径，其工作流程如图 6-30 所示。

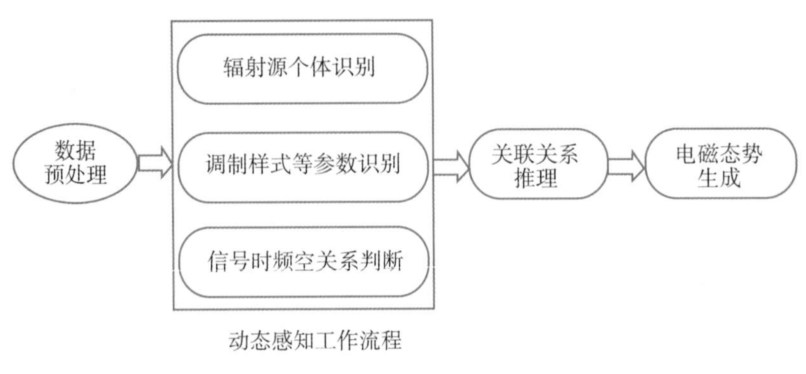

图 6-30 电磁环境感知工作流程

相比于普通电磁波，微波光子技术则有着很大的优点。微波光子技术能够提供高频率、多波段的任意波形，是传统电磁波发射设备所做不到的。同时产生微波光子的设备体积大小要远小于传统电磁波雷达。相比于传统雷达，微波光子雷达的技术还不成熟，但它已经展现了强大的生命力，技术正不断向前发展。目前国际上主要有美国、欧盟、俄罗斯研究出微波光子雷达的发展路径，我国也在不断跟踪研究中形成了鲜明的特色，并在 2018 年研发成功国内首台微波光子雷达。我国首台微波光子雷达探测效果如图 6-31 所示。

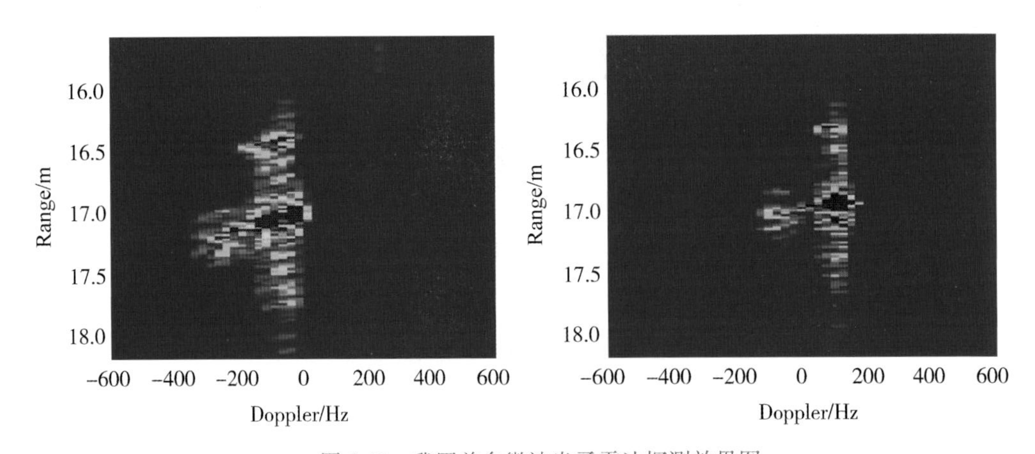

图 6-31 我国首台微波光子雷达探测效果图

另一方面，电磁干扰也是影响作战装备有效工作的重要技术瓶颈。在英阿马岛战争中，“谢菲尔德”为了使用卫星影像，而选择关闭了雷达系统。这导致了雷达未能正常工作，未能探测到鱼雷，进而导致“谢菲尔德”被击沉，这为全世界军人敲响了电磁兼容性的警钟。随着高新技术的发展，电磁空间环境空前“拥挤”。一些新型信息化的用频装备，因为没有科学、便捷的检测手段，如何避免不同用途的电子设备之间互相干扰，这就需要研制电磁兼容性检测系统，并且实现对于作战装备无线电频段的系统化管理。

6.2.4 认知对抗与社会舆情孪生认知

认知域是一个科学哲学术语，由加拿大物理学家和科学哲学家马里奥·邦格(Mario Bunge)于1983年提出。他认为在人类的活动中，有相当一部分属于认识活动。从文化的视角来看，认识活动均包含十大要素，这些要素相互作用，由此构成了一个“认知域”，可以记为：

$$E = < C, S, D, G, F, B, P, K, A, M > \tag{6-1}$$

式中，E指认知域；C指认知主体，即人及其组成的社团；S指承认C的地位的社会；G指C所持的总体看法、世界观或哲学；D指E的论域，即E所谈论的事物；F指形式背景即C所使用的逻辑或数学工具；B指特殊背景或从其他知识领域借来的有关D的一组前提；P指问题集合或E可能处理的一组问题；K指E所积累的特殊知识储备；A指C在对E的提高上所抱的目的或目标；M指方法体系或E中所有可用的方法。

1. 军事领域的认知对抗

认知领域正成为混合战争的重要战场。智能时代，人类的交流方式正发生复杂深刻变化。线下交流更多让位于线上交流，各种新媒体平台成为公众了解战场的主要渠道，大型社交平台成为认知博弈斗争的主阵地。因此，未来战争的作战域将不断拓展，空间域从陆海空天网向深空、深海、深地拓展，而逻辑域则从物理域向信息域、认知域拓展。战争不再局限于传统战争的实体性威胁，而在转向大众媒体、技术进步带来的社会意识威胁。

围绕传播平台的封锁与反封锁、主导与反主导将成为认知战争争夺的焦点，以信息为弹药进行国际话语控制权争夺成为当今认知对抗的主要方式。在混合战争视角下，意识形态宣传与灌输、价值观与文化的渗透、传统的舆论心理与法律攻防和信息网络战等，都成为认知战的重要方面。混合战争可通过认知战等综合博弈手段，实现小战甚至不战而胜的目的，而认知领域攻防将是一场不间断的、常态化的斗争，作战效能也将持续积累、逐步释放。

从认知维度来看，对战场环境、作战对手认知越深，行动就越自由，相对优势就越大。但随着战争中作战数据指数级增长，指挥人员开始面临数据沼泽、数据迷雾、数据过载的认知困境，拥有信息优势并不等于拥有认知优势。人工智能技术的一个重要军事应用方向，就是实时处理海量数据，帮助指挥人员摆脱认知过载，快速形成认知优势。在智能化战争中，认知优势将主导决策优势，决策优势主导行动优势。认知优势具有 4 个关键指标：更强的信息获取能力、更快的人工智能机器学习速度、更有效的突发事件处理能力和更高的开发应用新技术新知识的能力。例如，以数据驱动的智能传播为新特点的舆论战与传统军事行动已经高度协同与融合，这种虚实一体的作战样式具备了比单纯军事行动更强的作战效能，使传统作战方式发生根本性改变。认知优势的联动与叠加，将加速推进作战效能转化，成为战争制胜的根本性优势。

2. 社会领域的舆情监测

网络舆情是民众在网络空间内对政府管理以及其他社会公共事务所持有的多种情绪、意愿、态度和意见交错的总和(陈新宇，2022)。Web 网络作为信息传播的主要平台，网络上传播的热点咨讯、观点，是影响社会舆论的重要信息来源。互联网的普及在拓展人类生活空间的同时，也形成了新的“网络治理”国家治理难题。网络治理的成效不仅影响网络空间的秩序与安全，更关乎国家安全和社会稳定(白龙，2022)。其中，网络空间作为一个更宽、更广的虚拟化场所，是一个非官方的有机社会行为体以一种社交上的而非法律上的关系联结在一起。网络治理不仅要加强网络治理的法理学研究，还应该深入考虑法律治理与技术治理的关系，在秩序与自由、限权与扩权之间明确界限。

传统的网络舆情监控通常采用人工或简易图片识别软件辅以自然语言理解算法进行，针对这些舆情异常检测识别方法中存在效率较低、准确率不足及难处理海量舆情信息等问题，胡鹏翔(2022)提出一种基于自编码网络特征降维的舆情异常检测方法。该方法采用多层受限玻尔兹曼机(Restricted Boltzmann Machine，RBM)将原始数据中的高维、非线性数据映射至相应的低维空间，再利用支持向量机(Support Vector Machines，SVM)对降维后的数据进行分类，实现对网络舆情的异常检测。

在舆情监测方面，基于整合互联网信息采集技术及信息智能处理技术，通过对互联网海量信息自动抓取、自动分类聚类、主题检测、专题聚焦，实现用户的网络舆情监测和新闻专题追踪等信息需求，形成简报、报告、图表等分析结果，为客户全面掌握对于典型事件的舆论变化动态，作出正确引导，提供分析依据，舆情信息展示效果见图 6-32。

Web3.0 的去中心化机制使内容的产生、存储和管理不受限于任何第三方机制，虽然去中心化身份(Decentralized ID，DID)可以实现信息发布者的溯源，但 Web3.0 本身提供的基于区块链的匿名化机制却增加了将网络空间中的虚拟身份与现实生活中人员身份相对应的难度，这也增加了网络舆论监管的难度(刘家银，2022)。其中，互联网对网民的技术门槛变得更低，Web 终端更加丰富，用户接入网络的方式更加便捷，意识形态斗争在 Web3.0 外衣的庇护下更加隐蔽。在另一方面，Web3.0 打破了 Web2.0 的信息搜索机制，网络舆情可以利用网络爬虫技术，在获取舆情相关的信息后，再通过大数据处理等技术进行后期分析，这也为各类舆情的监测提供了便利。

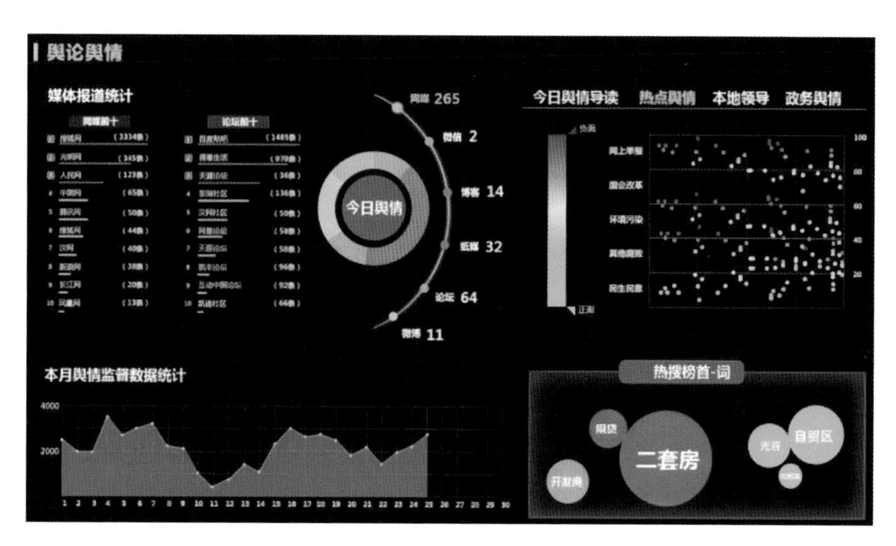

图 6-32 舆情信息展示效果

6.3 智慧地球控制反馈孪生决策

欧洲航天局（European Space Agency，ESA）于 2020 年 9 月首次宣布，将部署人工智能和量子计算，以在虚拟空间中构建地球的数字分身，即地球的“数字孪生”，希望能更好地了解我们星球的过去、现在和未来。李德仁院士表示，数字孪生就是现实世界在网络空间中的真实反馈，无论是数字孪生工厂、数字孪生城市甚至数字孪生地球，本意都是通过网络空间的模拟、仿真等还原真实世界并影响现实生活。

6.3.1 宏观场景控制反馈孪生决策

随着物联网、大数据、人工智能（Artificial intelligence，AI）等技术的发展，借助于各种高性能传感器和高速通信，数字孪生可以通过集成多维物理实体的数据，辅以数据分析和仿真模拟，近乎实时地呈现物理实体的实际情况，并通过虚实交互接口对物理实体进行控制(杨林瑶等，2019)。在孪生数据底座基础上，通过传感器实时采集数据孪生到虚拟场景，再在孪生场景中仿真预测模型，进而提取出精确的特征信息，挖掘出隐藏在实时采集数据中的状态参数等变化信息，在虚拟场景中优选出临近变化预测的最优评估，最终为实现对现实场景的优化控制提供决策信息支持。

孪生地球反映了孪生场景对于真实世界的虚拟映射。将物理系统与虚拟场景进行映射已经在太空领域应用了 50 多年。数字化的进步创造了提取技术的机会获取数据，获得洞察力，并实现对物理系统性能更好的情境感知。由于对这一概念兴趣的增加，导致了数字孪生定义的激增，这些定义被用来框架讨论关于特定的数字孪生，由于特定的数字孪生使用不同的定义，导致数字孪生结果的分析比较困难。Boyes 和 Waston(2022)提出了一个分析框架，使所有数字孪生的特征都要匹配到这个框架中(见图 6-33)。这个框架的目标是减少定义混淆造成不一致的理解和解释，数字孪生具有可以比较的特征，两个或两个以上的数字孪生之间也可以进行比较，并且这个框架允许超出功能性及非功能性需求层面来分析数字孪生对应的不同物理和逻辑实例。本小节主要以孪生城市、孪生战场环境两个典型应用场景为例，简要介绍数字孪生应用案例。

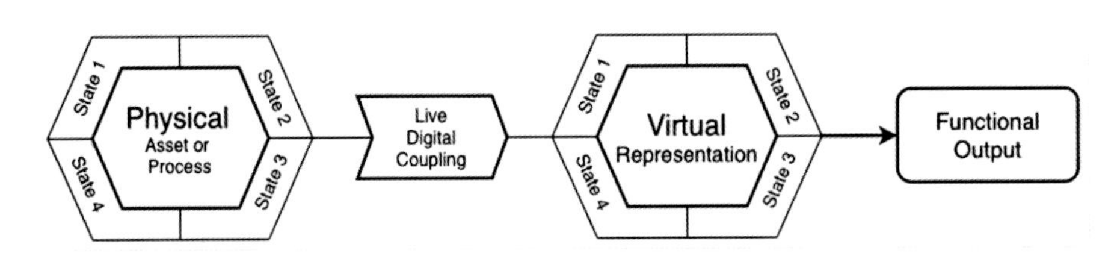

图 6-33　数字孪生是什么？(引自 Boyes，Waston，2022)

6.3.2　区域尺度智慧控制反馈孪生决策

通过建设智慧园区智能运营中心，构建数字孪生园区，能够有效融合园区各职能管理部门现有数据资源，支持从宏观到微观，对资源环境、基础设施、交通、景区管理、停车场、游客等项核心指标进行态势监测与可视分析，为园区运行态势进行全面感知、综合研判提供支持，帮助园区管理者提高运营管理精细化水平。在区域孪生感知认知基础上，无人机自动驾驶，就是在孪生场景中从监测、感知再到决策的移动孪生智能体，区域尺度面向场景的数字孪生认知如图 6-34 所示。无人驾驶智能决策模式是一个典型的从监测感知到控制决策、再到反馈优化的一个闭环过程。无人车自动驾驶单元通过机器和系统中对于当前行驶场景的高精度定位，在车辆智能计算终端对于环境信息及路面行动参与体智能预测等边缘计算基础上，可以为车辆驾驶控制决策做出最优方案；在车辆执行相应动作后，再通过传感器的实时反馈进行场景控制的进一步调整，即可形成一个基于 5G 传感器等智能感知设备的数字孪生应用闭环。

（a）区域运营环境孪生认知　　（b）移动端面向场景的孪生认知

图 6-34　区域尺度面向场景的数字孪生认知

6.3.3　场景级智慧控制反馈孪生决策

以基建中精准孪生并控制应力变化的需求为例，面向土木工程向新建与改造并重转型过程中提升公共安全对应的社会治理能力场景，刘占省等(2021)提出了数字孪生驱动的预应力拉索索力智能预测方法，该方法在智能预测闭环控制的理论框架下，探索了数字孪生驱动的预测维护方法，搭建了通过数据融合工况参数预测拉索索力的模型，提高了预应力钢结构安全评估的精确化和智能化。该模型以智能感知可以为孪生决策提供数据驱动。基于数据孪生场景的智能决策中，其核心又是对于场景变化趋势的预测。该预测方法可以结合物理特性构建的机理模型为驱动，也可以是在海量数字孪生的数据底座中，从海量数据中智能学习得到场景的快速映射及直观反映。最后，快速评估预测不同方案可能产生的对应效果，进而确定要对于环境控制执行的实质性动作。拉索张拉预应力智能预测闭环控制示意如图 6-35 所示。

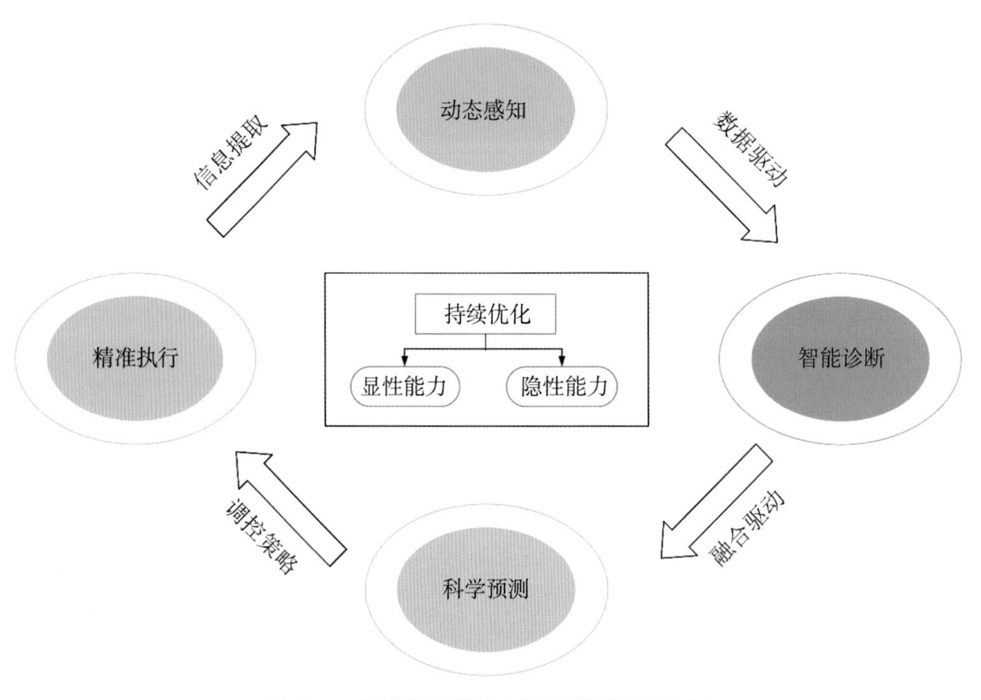

图 6-35　拉索张拉预应力智能预测闭环控制

首先，该方法在拉索张拉过程中，利用相应节点部署的传感器，动态感知互不干涉影响因素，为孪生模型和数据分析提供可靠支持；然后，该方法结合孪生模型和现场数据进行综合分析，分析各类工况下拉索索力变化情况；接着，在智能诊断过程中，融合采集数据和仿真模型，建立拉索索力预测算法；最后，在分析索力变化的基础上，直观判断结构的可靠度，及时准确地对索力异常构件或位置做调整，评估维护的可行性，进而实现从智能预测到智能控制的闭环。预应力拉索索力数字孪生感知-预测-反馈模型如图 6-36 所示。

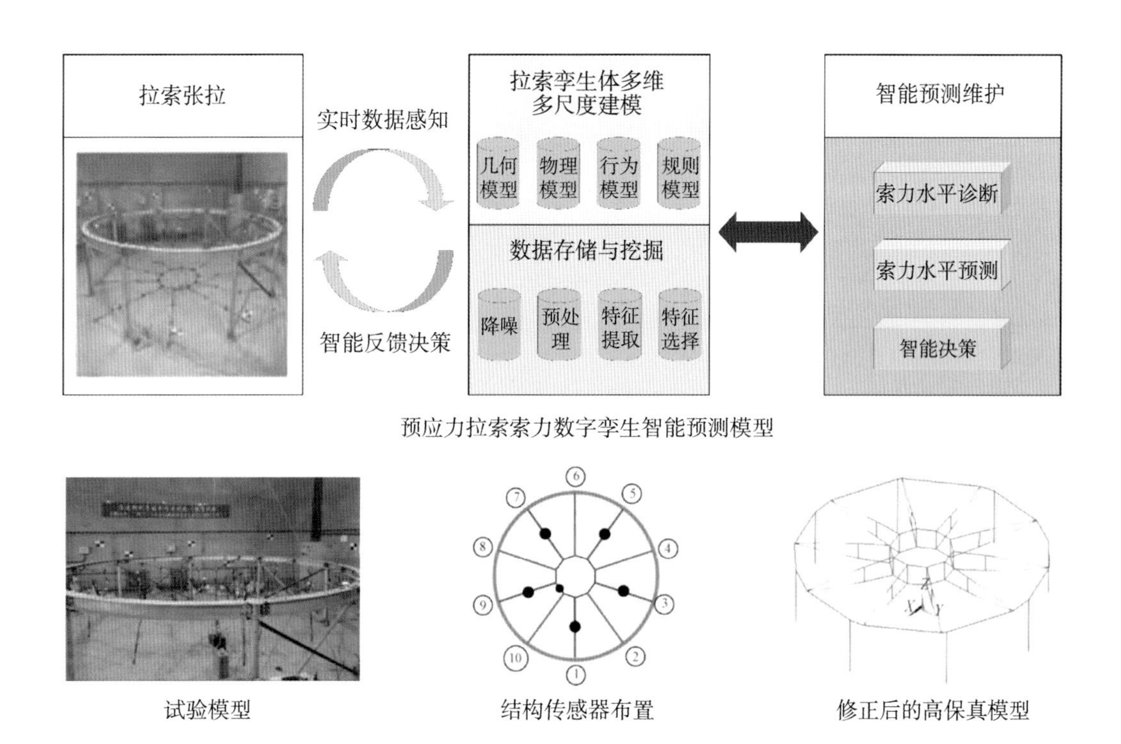

图6-36 预应力拉索索力数字孪生感知-预测-反馈模型

参考文献

白龙. 基于 CiteSpace 的国内网络治理研究可视化分析[J]. 现代信息科技, 2022, 6(19): 93-97.

陈彩辉, 缐珊珊. 美军“联合全域作战(JADO)”概念浅析[J]. 中国电子科学研究院学报, 2020, 15(10): 917-921.

陈新宇. 西方中心论”在网络空间的传播态势及应对策略[J]. 理论建设, 2022, 38(5): 94-104.

邓克波, 朱晶, 韩素颖, 等. 面向作战方案分析的计算机兵棋推演系统[J]. 指挥信息系统与技术, 2016, 7(5): 73-77.

邓增安. 国家海洋局海洋环境信息保障技术重点实验室正式挂牌成立[J]. 海洋信息, 2010(4): 32.

杜国红, 韩冰, 徐新伟. 陆战场指挥与控制智能化技术体系研究[J]. 指挥控制与仿真, 2018, 40(3): 1-4.

樊旭艳, 何锡玉, 杨亮, 等. 海洋遥感在军事海洋环境保障中的应用研究[J]. 海军工程大学学报(综合版), 2020, 17(3): 39-42.

防务菌. 美国陆军 2028 年多域战概念[EB/OL]. (2019-01-17). [2024-10-20]. https: //www. secrss. com/articles/13178.

干哲, 汤晓安, 李欢, 等. 面向服务的战场环境保障信息集成框架[J]. 系统仿真学报, 2010, 22(5): 1125-1129, 1163.

高坤, 戴江山, 张慕华. 基于大数据技术的电子战情报系统[J]. 中国电子科学研究院学报, 2017, 12(2): 111-114.

郭明. 关于智能化战争的基本认知[J]. 人民论坛 · 学术前沿, 2021(10): 14-21.

胡丹露. 战场环境信息支持作战决策研究[J]. 军事运筹与系统工程, 2004(2):

43-47.

胡鹏翔. 基于自编码网络特征降维的舆情异常检测技术研究[J]. 现代电子技术，2022，45(22)：171-175.

胡晓峰，荣明. 关于联合作战规划系统的几个问题[J]. 指挥与控制学报，2017，3(4)：273-280.

胡晓峰，荣明. 智能化作战研究值得关注的几个问题[J]. 指挥与控制学报，2018，4(3)：195-200.

贾珍珍，金宁. 智能化战争的作战样式[J]. 军事文摘，2019(1)：28-31.

蒋晓原，邓克波. 面向未来信息化作战的指挥信息系统需求[J]. 指挥信息系统与技术，2016，7(4)：1-5.

靳崇，张宾，麻志强，等. 面向无人化陆战的指挥控制系统智能化运用[J]. 火力与指挥控制，2021，46(11)：12-19.

李策，马开城，刘树立. 军事运筹基本方法[M]. 北京：解放军出版社，2004.

李昌玺，于军，徐颖，等. 联合作战条件下战场态势感知体系构建问题研究[J]. 中国电子科学研究院学报，2018，13(6)：680-684.

李程，夏丹，董世运，等. 复杂陆战场环境下的智能感知理论现状与发展[J]. 国防科技，2021，42(3)：42-48.

李德仁，龚健雅，邵振峰. 从数字地球到智慧地球[J]. 武汉大学学报(信息科学版) 2010，35：127-132.

李德仁，邵振峰，杨小敏. 从数字地球到智慧地球的理论与实践[J]. 地理空间信息，2011，9(6)：1-5.

李德仁，邵振峰. 论物理城市、数字城市和智慧城市[J]. 地理空间信息，2018(9)：1-4，10.

李德仁，沈欣，龚健雅，等. 论中国空间信息网络的构建[J]. 武汉大学学报(信息科学版)，2015，40(6)：711-715.

李德仁，沈欣，李迪龙，等. 论军民融合的卫星通信、遥感、导航一体天基信息实时服务系统[J]. 武汉大学学报(信息科学版)，2017，42(11)：1501-1505.

李德仁，姚远，邵振峰. 智慧地球时代地球科学信息学的新使命[J]. 测绘科学，2012，37：5-8.

李德仁，张过，蒋永华，等. 论大数据视角下的地球空间信息学的机遇与挑战[J]. 大数据，2022，8(2)：1-15.

李德仁，张洪云，金文杰. 新基建时代地球空间信息学的使命[J]. 武汉大学学报(信息科学版), 2022, 47(10): 1-10.

李德仁. 论军民深度融合的通导遥一体化空天信息实时智能服务系统[J]. 军民两用技术与产品, 2018(15): 14-17.

李德仁. 脑认知与空间认知: 论空间大数据与人工智能的集成[J]. 武汉大学学报(信息科学版), 2018, 43(12): 761-1767.

李德仁. 展望大数据时代的地球空间信息学[J]. 测绘学报, 2016, 45: 379-384.

李德毅. 云计算支撑信息服务社会化、集约化和专业化[J]. 重庆邮电大学学报(自然科学版), 2010, 22(6).

李洪峰, 孙礼明, 曹涛. 无人化作战力量发展探析[J]. 飞航导弹, 2016(10): 24-27.

李欢. 面向作战保障的海战场环境信息集成与应用关键技术研究[D]. 长沙: 国防科学技术大学, 2009.

李琨. 智能战场物联网赋能的多域作战效应研究[J]. 飞航导弹, 2021(12): 127-133.

李树涛, 李聪妤, 康旭东. 多源遥感图像融合发展现状与未来展望[J]. 遥感学报, 2021, 25(1): 148-166.

李婷婷, 刁联旺, 王晓璇. 智能态势认知面临的挑战及对策[J]. 指挥信息系统与技术, 2018, 9(5): 31-36.

李云, 杜文塔. MGIS 军事地理信息系统——C~4ISR 系统的又一中坚力量[J]. 国防科技, 2004(11): 23-26.

梁开龙. 海洋测绘与海战地理环境信息保障[J]. 测绘工程, 2001(1): 11-13.

梁小安, 蒋斌, 姚果, 等. 未来智能化战争条件下装备保障发展趋势探究[J]. 飞航导弹, 2020(4): 22-25.

刘冠邦, 张昕, 徐小峰. 美军海战场无人机作战运用发展与启示[C]//第九届中国指挥控制大会论文集. 2021: 24-28.

刘佳. 计算机兵棋系统建设研究[J]. 电脑编程技巧与维护, 2020, 418(4): 55-57.

刘家银, 倪雪莉. Web3. 0 时代的舆论、舆情与意识形态[J]. 江苏警官学院学报, 2022, 37(5): 123-128.

刘科. 认知技术在战场态势感知中的应用[J]. 指挥信息系统与技术, 2021, 12(3): 13-18.

刘卫华, 冯勤, 王行仁. 虚拟战场环境中的多维信息综合显示[J]. 系统仿真学报，2002(3)：312-314.

刘占省，史国梁，王竞超. 数字孪生驱动的预应力拉索索力智能预测方法研究[J]. 工业建筑，2021，51(5)：1-9.

吕伟，钟臻怡，张伟. 人工智能技术综述[J]. 上海电气技术，2018，11（1）：62-64.

马悦，吴琳，许霄，等. 智能化作战任务规划需求分析[J]. 指挥控制与仿真，2021，43(4)：61-67.

南海战略态势感知. 美军三艘侦察船同时在海南岛黄岩岛台湾岛周边活动[EB/OL]. (2022-03-23). [2024-10-20]. https://world.huanqiu.com/article/47JQvNszQLv.

澎湃新闻. 中国空间产业趋势报告：高精地图重构世界形成数字孪生闭环[EB/OL]. (2020-08-18). [2024-10-20]. https://www.thepaper.cn/newsDetail_forward_8773349.

尚春勇，张建军. 联合作战信息保障需求清单浅析[C]//第九届中国指挥控制大会论文集. 2021：213-218.

申家双，周德玖. 海战场环境特征分析及其建设策略[J]. 海洋测绘，2016，36(6)：32-37.

师娇，刘宸宁，冷德新，等. 面向未来作战的装备智能化保障模式研究[J]. 兵器装备工程学报，2020，41(6)：136-139.

石章松，左丹. 无人作战平台智能指挥控制系统结构[J]. 指挥信息系统与技术，2012，3(4)：12-15，67.

眭海刚，刘超贤，黄立洪，等. 遥感技术在震后建筑物损毁检测中的应用[J]. 武汉大学学报(信息科学版)，2019，44(7)：1008-1019.

眭海刚. 论灾害应急响应遥感数据实时处理面临的挑战[J]. 中国减灾，2013(24)：28-29.

孙小礼. 数字地球与数字中国[J]. 科学学研究，2000(04)：20-24.

孙宇祥，周献中，唐博建. 基于知识的海战场态势评估辅助决策系统构建[J]. 指挥信息系统与技术，2020(4)：15-20.

唐博建. 实时战场态势驱动的智能决策支持技术[D]. 南京：南京大学，2021.

唐华俊，吴文斌，杨鹏，等. 农作物空间格局遥感监测研究进展[J]. 中国农业科学，2010，43(14)：2879-2888.

唐胜景，史松伟，张尧，等. 智能化分布式协同作战体系发展综述[J]. 空天防御，2019，2(1)：6-13.

陶本仁. 战场电磁环境信息分析技术[J]. 航天电子对抗，2004(2)：1-4.

王贵喜. 关于战场指挥控制时效性影响因素分析[J]. 数字通信世界，2018(2)：259.

王建宇，王跃明，李春来. 高光谱成像系统的噪声模型和对辐射灵敏度的影响[J]. 遥感学报，2010，14(4)：607-620.

王丽，肖琳，郑征. 海上信息丝绸之路建设构想[J]. 中国信息化，2019(8)：102-104.

王莉. 人工智能在军事领域的渗透与应用思考[J]. 科技导报，2017(15)：15-19.

王维平，李小波，杨松，等. 智能化多无人集群作战体系动态适变机制设计方法[J]. 系统工程理论与实践，2021，41(5)：1096-1106.

王小非. 海军作战模拟理论与实践[M]. 北京：国防工业出版社，2010.

吴玲达，宋汉辰. 三维数字化战场环境构建技术研究[J]. 系统仿真学报，2009，21(S1)：91-94.

吴明曦. 现代战争正在加速从信息化向智能化时代迈进[J]. 科技中国，2020(5)：9-14.

吴勤. 无人系统发展及对国家安全的影响分析[J]. 无人系统技术，2018，1(2)：62-68.

肖占中，刘昱. 智能武器与无人战争[M]. 北京：军事谊文出版社，2001：1-30.

谢苏明. 无人化智能化装备技术发展及其影响分析[J]. 现代军事，2017(3)：51-56.

薛春祥，黄孝鹏，朱咸军，等. 外军无人系统现状与发展趋势[J]. 雷达与对抗，2016，36(1)：1-5，10.

杨林瑶，陈思远，王晓，等. 数字孪生与平行系统：发展现状、对比及展望[J]. 自动化学报，2019，45(11)：2001-2031.

杨元喜，王建荣. 泛在感知与航天测绘[J]. 测绘学报，2023，52 (1)：1-7.

殷跃平，张作辰，张开军. 我国地面沉降现状及防治对策研究[J]. 中国地质灾害与防治学报，2005(2)：1-8.

俞杰，王伟，张国宁. 基于复杂网络的联合作战指挥体系研究[J]. 火力与指挥控制，2011，36(2)：5-10.

张可，郝文宁，余晓晗，等. 基于遗传模糊系统的兵棋推演关键点推理方法[J]. 系统工程与电子技术，2020，493(10)：161-169.

张连伟，马赛，靳婷，等. 大数据技术在战场态势感知中的应用研究[J]. 自动化指挥与计算机，2015(1)：16-21.

张维明，黄松平，黄金才，等. 多域作战及其指挥控制问题探析[J]. 指挥信息系统与技术，2020，11(1)：1-6.

张焰，李祥，黄钰. 现代通信技术在军事中的应用[J]. 中国新通信，2017，19(6)：100.

赵东波，岳凡. 陆军智能化无人化作战体系构建[J]. 国防科技，2019，40(5)：51-54.

赵国宏，罗雪山. 作战任务规划系统研究[J]. 指挥与控制学报，2015，1(4)：391-394.

赵伟，庞思伟. 智能化指挥控制系统问题[J]. 四川兵工学报，2010，31(2)：56-59.

赵先刚. 无人作战系统发展对未来战争的影响[J]. 国防科技，2015，36(5)：55-58.

周胜利，沈寿林，张国宁，等. 人机智能融合的陆军智能化作战指挥模型体系[J]. 火力与指挥控制，2020，45(3)：34-41.

周献中. 指挥自动化系统辅助决策技术[M]. 北京：国防工业出版社，2012.

朱丰，胡晓峰，吴琳，等. 从态势认知走向态势智能认知[J]. 系统仿真学报，2018，30(3)：761-771.

BARROSO L A，DEAN J，Holzle U. Web search for a planet：The google cluster architecture[J]. IEEE Micro，2003，23(2)：22-28.

BATTY M. Modeling and simulation in geographic information science：Integrated models and grand challenges[J]. Procedia-Social and Behavioral Sciences，2011，21：10-17.

BOYES H，Tim W. Digital twins：An analysis framework and open issues[J]. Computers in Industry，2022，143：103763.

BUNGE M. Treatise on basic philosophy，Vol. 6：Epistemology & methodology I：understanding the world[M]. Dordrecht：D. Reidel，1983.

BUTLER D. 2020 computing：Everything，everywhere[J]. Nature，2006，440(7083)：402-405.

BREIMAN L. Random forests[J]. Machine Learning，2001，45(1)：5-32.

CHEN B，GONG H，LI X，et al. Spatial-temporal characteristics of land subsidence corresponding to dynamic groundwater funnel in Beijing Municipality，China[J]. Chinese

Geographical Science, 2011, 21: 753-764.

CLINTON R C, TIMOTHY J C. A practical approach to effects-based operational assessment[J]. Air & Amp. Space Power, 2008(2): 16-32.

ECMWF. The ECMWF Strategy 2021-2030[EB/OL]. [2024-10-22]. https://www.ecmwf.int/en/about/what-we-do/strategy, last access: 22 January 2021a.

GOODCHILD M F, FU P, RICH P. Sharing geographic information: An assessment of the Geospatial One-Stop[J]. Annals of the Association of American Geographers, 2007, 97(2): 250-266.

GOODCHILD M F. Towards a geography of geographic information in a digital world[J]. Computers, Environment and Urban Systems, 1997, 21(6): 377-391.

GRUEN A, WANG X. CC-Modeler: A topology generator for 3-D city models[J]. ISPRS Journal of Photogrammetry and Remote Sensing, 1998, 53(5): 286-295.

GRUEN A. Reality-based generation of virtual environments for digital earth[J]. International Journal of Digital Earth, 2008, 1(1): 88-106.

ITU. ITU Internet Reports 2005: The Internet of things[R]. Tunis: ITU, 2005: 11.

LAKE B M, SALAKHUTDINOV R, TENEN-BAUM J B. Human-level concept learning through probabilistic program induction[J]. Science, 2015, 350(6266): 1332-1339.

MA X J, HUANG Z W, QI S Q, et al. Ten-year global particulate mass concentration derived from space borne CALIPSO LiDAR observations[J]. Science of the Total Environment, 2020, 721: 137699.

PAN S J, YANG Q. A survey on transfer learning[J]. IEEE Transactions on Knowledge and Data Engineer-ing, 2010, 22(10): 1345-1359.

SHAO Z F, LI D R. Image city sharing platform and its typical applications[J]. Science in China(Series F: Information Sciences), 2011, 54(8): 1738-1746.

SØNDERGAARD J C, Snodgrass R T. Temporal data models[J]. Encyclopedia of Database Systems. 2009: 2952-2957.

TSICHRITZIS D C, FREDERICK H L. Data models[M]. Prentice Hall Professional Technical Reference, 1982.

UUSITALO M A. Global visions for the future wireless world from the WWRF[J]. IEEE Vehicular Technology Magazine, 2006, 1(2): 4-8.

VAN ZYL T L, SIMONIS I, MCFERREN G. The sensor web: Systems of sensor systems[J]. International Journal of Digital Earth, 2009, 2(1), 16-30.

WANG X Z, He Y L. Learning from uncertainty for Big Data: Future analytical challenges and strategies[J]. IEEE Systems, Man, and Cybernetics Magazine, 2016, 2(2): 26-31.

WU S Z, RUPPRECHT C, VEDALDI A. Unsupervised learning of probably symmetric deformable 3d objects from images in the wild[C]//IEEE/CVF conference on computer vision and pattern recognition. 2020.

WU X D, ZHU X Q, Wu G Q, et al. Data mining with big data[J]. IEEE Transactions on Knowledge and Data Engineering, 2014, 26(1): 97-107.

ZHANG Y, SHI Q. An intelligent transaction model for energy blockchain based on diversity of subjects[J]. Alexandria Engineering Journal, 2021, 60(1): 749-756.